Python、樹莓派、物聯網與機器視覺 | 第三版 |

AIoT 與
OpenCV

與

實戰應用

AIOT 與 OpenCV 實戰應用(第三版)：
Python、樹莓派、物聯網與機器視覺

作　　者：朱克剛
企劃編輯：江佳慧
文字編輯：詹祐甯
設計裝幀：張寶莉
發 行 人：廖文良

發 行 所：碁峰資訊股份有限公司
地　　址：台北市南港區三重路 66 號 7 樓之 6
電　　話：(02)2788-2408
傳　　真：(02)8192-4433
網　　站：www.gotop.com.tw
書　　號：ACL063000
版　　次：2021 年 11 月三版
　　　　　2022 年 10 月三版二刷
建議售價：NT$500

國家圖書館出版品預行編目資料

AIOT 與 OpenCV 實戰應用：Python、樹莓派、物聯網與機器視覺 / 朱克剛著. -- 三版. -- 臺北市：碁峰資訊, 2021.11
　　面；　公分
　　ISBN 978-626-324-019-3(平裝)
　　1.Python(電腦程式語言)　2.電腦視覺　3.數位影像處理
312.32P97　　　　　　　　　　　　　　110018451

讀者服務

- 感謝您購買碁峰圖書，如果您對本書的內容或表達上有不清楚的地方或其他建議，請至碁峰網站：「聯絡我們」\「圖書問題」留下您所購買之書籍及問題。(請註明購買書籍之書號及書名，以及問題頁數，以便能儘快為您處理)
  http://www.gotop.com.tw

- 售後服務僅限書籍本身內容，若是軟、硬體問題，請您直接與軟體廠商聯絡。

- 若於購買書籍後發現有破損、缺頁、裝訂錯誤之問題，請直接將書寄回更換，並註明您的姓名、連絡電話及地址，將有專人與您連絡補寄商品。

樹莓派 GPIO 與上下拉電阻

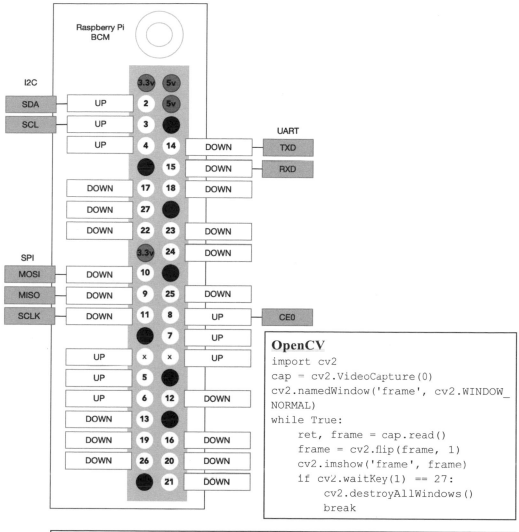

OpenCV

```
import cv2
cap = cv2.VideoCapture(0)
cv2.namedWindow('frame', cv2.WINDOW_
NORMAL)
while True:
    ret, frame = cap.read()
    frame = cv2.flip(frame, 1)
    cv2.imshow('frame', frame)
    if cv2.waitKey(1) == 27:
        cv2.destroyAllWindows()
        break
```

按鈕與 LED

```
import RPi.GPIO as GPIO
import time
pinLED = 14
pinBN = 4
GPIO.setmode(GPIO.BCM)
GPIO.setup(pinLED, GPIO.OUT)
GPIO.setup(pinBN, GPIO.IN, pull_up_down=GPIO.PUD_UP)
while True:
    GPIO.output(pinLED, not GPIO.input(pinBN))
    time.sleep(0.02)
```

三版序

這幾年在資策會、電腦公會與大專院校教授物聯網與 OpenCV 課程,深刻覺得現今這些技術的發展與當年唸書時不可同日而語,一塊小小的主機板就可以執行完整 UNIX 系統,並且可以做好多事情。各種硬體也變成一個一個的元件或是模組,插到板子上再寫點程式碼就可以驅動與整合他們。要自己動手做點小東西,已經不太需要多麼高深的電子電路背景,任誰都可以買點硬體元件回來,然後找份好的參考文件照著操作就會動了。

也發現,如果在物聯網的課程中加進了攝影機主題的話,會有更多有創意的物聯網系統出現,畢竟讓電腦看的懂人看的懂的東西,是更有挑戰與更有成就感的領域。試想,當電腦看得懂的時候,就可以自動發出訊號去控制硬體元件做事情,例如人臉辨識開門、偵測停車位是否有空位、用車牌辨識繳費,或是產品線上用來偵測瑕疵品並記錄分析改善良率等一堆的應用。

物聯網涵蓋的領域太廣,好的參考書籍又很多,想要挑一本書來涵蓋授課範圍實在很困難,不太可能全部囊括在一門課裡面,所以就乾脆自己動手,把會用到的部分整理出來自己出本書,讓願意花錢花時間來聽我課的學員有一本非常貼近上課內容的參考用書,即使課程結束也很容易透過書中內容回想起上課所學,達到事半功倍效果。即使沒上過我課的讀者,相信這本書也可以幫助您在面對相關問題時,可以照著書中的範例快速解決,不會卡在某一個關鍵地方太久,這也是我寫這本書所期待的。

謝謝碁峰資訊協助本書付梓,也希望讀者們學得愉快,不要有東西燒掉 :p

想要進入物聯網與機器視覺領域，您手上自然需要先有一些不算昂貴的設備，以下整理了一份書中所有用到的硬體元件清單供您參考。

樹莓派主板以及攝影機單價較高，建議您可以上網搜尋，找到合適的銷售商家。其他零散的硬體元件（如表列第 3~ 第 25 項），除了可以到電子材料行或網站上一一找到外，我也幫讀者準備了一份完整的零件包，如果您需要的話可以在研蘋果官網 https://www.chainhao.com.tw 找到購買連結。

https://www.chainhao.com.tw

編號	品項
1.	樹莓派 4B
2.	樹莓派官方攝影機 Camera V2
3.	麵包板
4.	杜邦線（公公、公母、母母）
5.	220Ω 與 10KΩ 電阻
6.	LED
7.	微動開關
8.	SG-90 舵機
9.	無源蜂鳴器模組
10.	HC-SR04 超音波感測模組
11.	HC-SR501 紅外線移動感測模組
12.	DHT11 溫濕度感測模組
13.	繼電器模組

編號	品項
14.	七段顯示器
15.	ADXL345 三軸加速儀模組
16.	MAX7219 LED 矩陣模組
17.	2x16 LCD 螢幕
18.	全彩 LED 燈條
19.	光敏電阻
20.	火焰感測
21.	MQ-2 氣體感測模組
22.	雨滴感測模組
23.	電容式土壤濕度感測模組
24.	74HC595 晶片
25.	MCP3008 晶片

目錄

第 1 篇　Python

第 2 篇　樹莓派

第 3 篇　OpenCV

下載說明

本書範例請至 http://books.gotop.com.tw/download/ACL063000 下載。其內容僅供合法持有本書的讀者使用，未經授權不得抄襲，轉載或任意散佈。

Python

1

1-1 介紹與安裝

Python 是一個誕生於 1991 年的直譯式程式語言。雖然不是一個新的語言，但是最近這幾年卻紅透半邊天，以 TIOBE 2020 11 月的資料，Python 在所有程式語言中受歡迎程度為第二名，而 PYPL 的排名資料更是高達第一名。紅的原因不僅僅是語法高階、簡單、不艱澀，還有一大部分紅的原因是在各個不同領域有非常多的函數庫可以讓我們下載使用，其中不乏超重量級函數庫，例如 OpenCV、NumPy、Matplotlib、SciPi、Keras、Tensorflow…等多到要列完幾乎是不可能的任務。有了這些函數庫的加持，當我們想要完成一些複雜的工作，可能只要短短數十行甚至幾行程式碼就能完成了，您可以想像一個語音辨識系統只要不到十行程式碼就寫完了嗎？

Python 是一個高度跨平台的語言，除了 Windows 外，macOS 以及其他的 UNIX、Linux 系統上都可以執行 Python 程式，甚至，各位可能想像不到，現在連單晶片都可以用 Python 來寫相當於韌體等級的程式了，例如 PyBoard、ESP8266 或 ESP32。

雖然直譯式語言的執行速度比編譯式語言來的慢，例如 C 語言，但是有很多的函數庫核心是用 C 或是 C++ 撰寫，Python 只是一個介接界面而已，例如 OpenCV 或是 NumPy，因此，用 Python 完成的這類型專案，執行效能並不一定比純粹用 C 或是 C++ 寫出來的系統慢，但開發速度卻比 C 或是 C++ 來的快。

Python 目前有兩個主要的發行版本，一個是 Python 2.x 版，另外一個是 Python 3.x 版。Python 跟其他大部分的程式語言在版本歷程上有點不太一樣，其他的語言有新版本推出後，舊版本就慢慢被淘汰，而用舊版本開發的專案由於新版本可以向前相容，因此執行上不會有太大的問題。當然也有些語言比較強勢，雖然向前相容，但幾個版本後就變的「不太相容」了，所以工程師就要想辦法用新版本改寫原系統，這是不容易的一件事情。Python 3 並沒有向前相容 Python 2，所以用

Python 2 開發的系統自然就不太有人想要用 Python 3 重新改寫，反正 Python 2 與 Python 3 的直譯環境可以並存於電腦中。直譯式語言有一個好處，就是一個系統中的兩個 Python 檔案，其中一個檔案用 Python 2 去執行，另外一個檔案用 Python 3 去執行，並不會有什麼問題。

雖然 Python 2 已經停止更新，我們學習的時候自然會選擇使用 Python 3，但是有些系統已經內建 Python 2（例如 macOS），或是兩個版本都有（例如樹莓派）。請讀者不要隨意移除 Python 2，因為有很多程式還是依賴 Python 2 才能順利執行，移除掉的結果恐怕連作業系統都要重灌了。

當系統中有兩個 Python 版本並存時，一般來說執行 python 指令是使用 Python 2，如果要使用 Python 3，必須輸入 python3。請讀者務必先確定您的電腦裡面的 Python 版本編號，以及用哪一個指令啟動他。

1-1-1 安裝

我們以 MS-Windows、macOS 與樹莓派三個平台來說明 Python 的安裝方式：

▶ MS-Windows

至 Python 官網（https://www.python.org）下載 3.X 最新版。注意在安裝過程的第一個畫面最下方要勾選「Add Python to PATH」選項，這樣之後在下指令執行 Python 程式時，作業系統才能夠找到 Python 執行檔在哪個路徑。若忘了勾選，雖然可以用手動的方式將 Python 的安裝路徑加到環境變數中，但建議重裝一次比較快。

▶ macOS

雖然 macOS 已經內建了 Python 2，但不要移除他以免一些需要 Python 2 的系統服務無法正確執行。我們額外安裝 Python 3 就好了，先到 Python 官網（https://www.python.org）下載 Python 3.X 最新版後安裝即可。安裝完畢後請開起終端機，執行以下指令更新憑證。

```
% sudo "/Applications/Python3.X/Install Certificates.command"
```

現在您的電腦中同時存在兩套 Python 版本，指令 python 是執行 Python 2，指令 python3 是執行 Python 3。

▶ 樹莓派

作業系統已經內建 Python 2 與 Python 3，因此不需要再安裝。指令 python 是執行 Python 2，指令 python3 是執行 Python 3。

1-1-2 驗證 Python 是否安裝成功

要測試是否安裝成功，請開啟命令提示字元（MS-Windows）或是終端機（macOS）或是使用 MobaXterm 或 putty 遠端 ssh 連線到樹莓派，然後輸入指令「python」或「python3」。如果看到類似下方的內容（最後出現三個「>>>」符號），就表示 Python 環境已經正確安裝完畢了，以此畫面為例，電腦中的 Python 3 版本為 3.9.0。連線樹莓派請參考 2.1 節第 7 步。

```
● ● ●                    🗎 ckk — Python — 72×7
[ckk@frontier ~ % python3
Python 3.9.0 (default, Nov 14 2020, 10:50:03)
[Clang 12.0.0 (clang-1200.0.32.27)] on darwin
Type "help", "copyright", "credits" or "license" for more information.
>>> █
```

「>>>」代表此時已經進入 Python 直譯環境，輸入 Python 程式指令就可以執行了。照慣例，試試以下程式碼。

```
>>> print('hello world')
hello world
```

這樣我們就完成了第一支 Python 程式。要離開 Python 直譯環境輸入 quit() 即可。

接下來建議讀者根據您使用的作業系統安裝一個順手的程式編輯器，例如 Notepad++（只有 MS-Windows 才有）、Visual Studio Code（MS-Windows 與 macOS 都有）、BBEdit（只有 macOS 才有）或是所有 UNIX 系統應該都內建的 vi。本書並不會特別介紹許多豪華且功能超強的 IDE（整合開發環境）如何使用，因此，寫程式都是在基本的編輯器中撰寫，然後在命令提示字元或是終端機中下指令執行。

1-2 基礎概念

本節將介紹 Python 3 常用且重要的語法。執行方式為使用編輯器撰寫程式，存檔時副檔名為 .py，例如 test.py。執行時在命令提示字元或是終端機中輸入 python3 test.py 就可以執行了。

Windows 的讀者請使用 python test.py 就可以了，不需要使用 python3，電腦中應該也沒有 python3 這個指令。

1-2-1 註解

Python 註解有兩種形式，一種為單行註解以「#」號開頭；另一種為多行註解，以三個單引號「'」或三個雙引號「"」前後夾起來的多行文字。例如：

```
# 此為單行註解
print('hello')   # 註解
```

```
'''
這是
多行註解
'''
```

```
"""
用三個雙引號也可以
是多行註解
"""
```

註解可以幫助我們理解程式碼的用途，否則一些複雜的程式邏輯，往往一段時間後就忘了當初為什麼要這樣寫，沒有註解的話會讓後續程式閱讀不易也造成維護困難。

1-2-2　變數與資料型態

變數是用來儲存資料的地方。如果我們從某個地方得到一個值，例如使用者在鍵盤輸入了一個數字，我們就需要使用一個變數來儲存使用者在鍵盤上輸入的這個數字，好讓之後可以很方便的使用程式針對這個變數所儲存的內容進行各種運算與分析。所以變數，顧名思義，就是內容可以隨時變動的一個記憶體儲存空間，而我們為這個儲存空間取了一個名字。

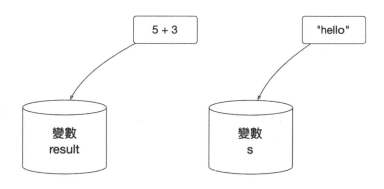

有些程式語言會規定使用變數前必須要先「宣告」，這個步驟相當於告訴作業系統請他分配一個記憶體空間給這個變數，如果沒有事先宣告就要使用這個變數，是會得到錯誤訊息的。但 Python 不需要事先宣告，變數隨叫就隨了。這樣的好處是，我們不用理會宣告是怎麼一回事，也不需要在宣告的時候來決定資料型態（稍後會提），反正想用的時候隨手就拿個變數來用，此時型態也不是那麼的重要，變數裡面放什麼，型態就是什麼。但缺點就是，如果變數拼錯字就會發生不可預期的錯誤。由於拼錯字的變數相當於是一個新的變數，跟之前正確拼法的變數一點關係都沒有，執行時只有在某些情況下才會產生錯誤訊息，大部分的情況 Python 就順利執行下去但運算結果卻是錯的，若沒有事後檢查就不會發現這個錯誤。所以撰寫程式碼時必須小心謹慎，隨時要留意是否打錯字了。

資料必伴隨著型態，所謂的型態代表了這個變數有哪些功能可以做哪些事情，例如數字型態的變數可以做數學的四則運算，文字型態的變數

可以做關鍵字搜尋，當然文字型態的變數是不能做四則運算的。Python
有四種純量資料型態，分別是整數 int、浮點數 float、字串 str 與布林
bool，分述如下。

▶ int

儲存的內容必須為整數。就大部分的程式語言而言，整數值是有範圍限
制的，也就是我們不能儲存一個位數非常大的數字，以 Python 2 且在
64 位元的電腦上而言，數字範圍必須在 -2^{63} 到 $2^{63}-1$ 之間。以 Python 3
而言，int 範圍並沒有限制，只要記憶體夠大，可以儲存相當於無限制的
整數位數。

▶ float

儲存的是有小數的數字。有些程式語言在浮點數的地方還分為單精
確與倍精確兩種型態，表示能夠儲存浮點數範圍。Python 就相對簡
單許多，只有單一型態：float。範圍為 $2.2250738585072014e^{-308}$ 到
$1.7976931348623157e^{308}$，顯而易見這範圍非常大。

▶ str

用來儲存字串。可容納的字串長度沒有上限，電腦所裝的記憶體能夠儲
存多少字就多少字。

▶ bool

布林變數，裡面放的值只有兩種，不是 True 就是 False，注意 T 與 F 要
大寫。這種變數專門用儲存邏輯運算後的結果，或是純粹表示兩種不同
的狀態。

當我們要將值放到變數裡作法很簡單，設定一個變數名稱等於某個值就
完成了，如下：

```
n = 10
f = 3.14
s = 'hello world'
b = True
```

上述四行程式碼的等號左邊 n、f、s 與 b 分別代表四個變數，而他們的
型態分別是整數、浮點數、字串與布林。在 Python 中，字串的前後必須
以單引號或是雙引號夾起來，若開頭為單引號結尾就必須單引號，若開
頭為雙引號結尾也就要雙引號。

前頭說過，變數型態代表這個變數可以做哪些事情，例如有個變數是整
數型態（例如 n = 10），另外一個變數是文字型態（例如 s = 'abc'），如
我們想要將這兩個變數相加（例如 n + s），這時候到底要怎麼「加」呢？
加完的結果又是什麼？我想這時大家應該都覺得困惑，是的，當兩個變
數型態不一致的時候，通常是無法放在一起處理的，因為電腦也不知道
該怎麼辦。我們再看一個例子，假如 n = 10，s = '20'，注意這裡的 20 前
後加了單引號，因此 20 為字串而非整數，因此變數 s 的型態為 str。若
我們希望將 n 與 s 相加並得到 30 的結果，我們就必須對 s 進行「型別轉
換」，要將字串的 '20' 轉成整數的 20 或小數的 20.0 才能跟 n 進行四則運
算。否則硬加的結果，會得到錯誤訊息，如下：

```
TypeError: unsupported operand type(s) for +: 'int' and 'str'
```

如果我們希望進行四則運算的「+」也就是結果為 30，就必須轉換變數
s 的型態為 int 或 float（這裡我們轉成 int 比較適當，因為變數 n 的型態
為 int，這樣「+」號左右兩邊的型態就一致了）。將型態 str 轉 int 只要
使用 int() 即可，如下：

```
n = 10
s = '20'
ans = n + int(s)
```

這時運算結果 30 會放到變數 ans 中，並且 ans 的型態為 int 整數型態。若我們希望加完的結果是 1020 而不是 30，這代表的是我們要將兩個字串連接（concatenate）起來，這時就要將變數 n 的型態轉成 str 型態，對 str 型態而言，「+」號代表將兩個字串連接起來，如下：

```
n = 10
s = '20'
ans = str(n) + s
```

此時變數 ans 就是字串 1020 了。有沒有發現，若等號右邊的程式碼要能正確無誤的運作，每個變數的型態都必須一致才行，雖然有些程式語言會很聰明的自動調整型態，但我們還是養成良好的程式撰寫習慣，手動調整型態比較妥當。補充說明一下，Python 允許 float 型態與 int 型態可以放在一起進行四則運算，例如 3 + 5.0，運算結果為 float 型態的 8.0。事實上，有些強型別語言是不可以這樣做的，例如 Swift。

Python 的四個資料型態彼此間都可以互相轉換，當然如果要把字串 'abc' 轉成 int 型態，那肯定會得到一個錯誤訊息，不信您試試看。

```
# 字串轉整數
n = int('10')

# 數字轉字串
s1 = str(25)
s2 = str(1.37)

# 轉成浮點數
f1 = float(10)
f2 = float('3.14')

# 轉成布林的 True
b1 = bool('True')
b2 = bool(1)

# 轉成布林的 False
b3 = bool('False')
b4 = bool(0)
```

1-2-3 標準輸入輸出

輸入輸出指的是變數值從哪裡來然後要到哪裡去，加上「標準」兩字，代表的就是鍵盤輸入螢幕輸出。以下述程式碼為例，執行後會讓使用者透過鍵盤輸入兩個數字，相加後將結果顯示在螢幕上。注意標準輸入得到的值其型態一律是 str。

```
n1 = input('請輸入第一個數字:')
n2 = input('請輸入第二個數字:')
ans = float(n1) + float(n2)
print(ans)
```

透過函數 print()，我們就可以在螢幕上看見變數 n1 與 n2 相加後的結果。但如果只顯示一個數字，使用者往往不知道這個數字代表的意思，我們要多輸出一點訊息給使用者，例如 10 + 20 = 30。我們可以把程式碼修改成如下，這樣的輸出結果就比較理想了。

```
n1 = input('請輸入第一個數字:')
n2 = input('請輸入第二個數字:')
ans = float(n1) + float(n2)
print('{} + {} = {}'.format(n1, n2, ans))
```

字串中的三個 {} 分別代表了在這三個地方要依序換成字串後面 format() 函數中的三個參數內容。我們也可以將上述程式碼修改的更簡潔，如下：

```
n1 = float(input('請輸入第一個數字:'))
n2 = float(input('請輸入第二個數字:'))
print('{} + {} = {}'.format(n1, n2, n1 + n2))
```

使用 float() 來做型別轉換時，我們沒有考慮使用者不是輸入數字的情況，也就是當使用者故意輸入英文字母，這時要轉換成 float 型態時就會出現無法轉換的錯誤而導致程式當掉。錯誤處理部分請讀者翻閱本書 ch 1.2.7 錯誤處理一節。

▶ 跳脫字元

我們現在已經知道字串是由兩個單引號或是兩個雙引號前後夾住的文字、數字或文字數字混和的一種資料型態，若使用 print() 函數將這個字串顯示在螢幕上時，我們就可以看到這個字串的原始內容。但 print() 函數並不僅僅只能將字串的原始內容顯示到螢幕上，若字串中包含了倒斜線「\」（稱為跳脫字元），倒斜線後面所接的字元會變成一個特殊指令，這時就可以讓顯示在螢幕上的資料以某種形式呈現，例如在字串中加上 \n 就可以讓字串在這個地方換行顯示。

```
print('hello\nworld')
```

上面這一行程式碼會讓螢幕上所顯示的 hello world 分成兩行。除了 \n 之外，\t 代表的意思是鍵盤的 TAB 鍵，也就是相當於在這個位置按了一個 TAB 鍵，例如：

```
print('a\tb\tcde')
```

輸出結果如下，可以看到 a 與 b 之間以及 b 與 c 之間空了很大的距離，這就是 \t 造成的效果，相當於這裡按了一個 TAB 鍵。

```
a    b    cde
```

如果字串中本來就要輸出 \n 或 \t 的話該如何處理呢？有兩種作法，一種是連打兩個 \\，例如 print('hello\\nworld')，這樣輸出結果會是 hello\nworld 並且不換行。另外一種作法是在字串前加上「r」修飾子，告訴 print() 函數不要將「\」當成跳脫字元，例如 print(r'hello\nworld')。還有哪些常用且有趣的指令呢？如下表：

跳脫字元指令	說明
\a	發出 beep 一聲
\n	換行
\t	TAB
\'	單引號
\"	雙引號

▶ 格式化字串

除了字串中可使用跳脫字元「\」外，還可以使用「{}」讓輸出的字串有更多樣化的顯示格式。例如如下的程式碼：

```
# 僅僅顯示 5
print(5)

# 顯示 005（三位數缺項補零）
print('{:03d}'.format(5))
```

{:03d} 代表的是這個位置會用一個整數取代（d 代表整數），該整數若不足三位數的話，缺少的部分會補零，字串後方使用 .format() 來承接真正要顯示的參數，例如數字 5。若有兩個數字需要顯示，則在 format 中放兩個參數即可，如下：

```
# 顯示 005 003
print('{:03d} {:03d}'.format(5, 3))
```

{:06.3f} 表示全部顯示位數為六個字包含小數點，小數部分要顯示三位數，因此整數部分顯示兩位數，整數與小數部分缺項都要補零，例如以下程式碼顯示的結果為 03.140：

```
print('{:06.3f}'.format(3.14))
```

還有哪些其他的格式就請讀者自行參考官方文件說明了，網址如下：

https://docs.python.org/3/library/string.html#string-formatting

▶ 輸出結果不換行

各位讀者應該會發現，print() 所顯示的資料會在結尾處自動換行，如果
您連打兩行 print() 就可以發現輸出的資料會換行。如果我們想要輸出結
果不換行，就必須在 print() 中加上 end=""，等號右邊為連續兩個單引號
或連續兩個雙引號（意即將結尾的換行符號用空字串取代）。

```
print('A', end='')
print('B', end='')
```

這樣的輸出結果為 AB 連在一起不換行。

▶ 多行文字輸出

除了使用 \n 讓輸出的文字換行外，還可以使用連續三個單引號或連續三
個雙引號來顯示多行字串，如下：

```
print('''
Hello
    world
    Hi
''')
```

1-2-4 流程控制

流程控制指的是改變程式執行流程。一般而言，程式碼都是由上往下依
序執行，但如果我們希望某些程式碼在特定情況下才要執行或者不要執
行，這時候就需要使用「條件判斷」來改變原本程式由上而下「依序」
執行這樣的流程。此外，如果有些程式碼需要重複執行，也就是已經執
行過的程式碼還要再執行一次，雖然用複製貼上數次也可以達到重複執
行的效果，但這樣的程式碼就不漂亮也不好維護了。為了達到重複執行
的需求，迴圈這樣的語法結構就應運而生，利用迴圈，我們可以讓程式
回頭再執行一次。首先，我們來看條件判斷的語法。

▶ 條件判斷（或稱 if 判斷式）

If 判斷式用來決定哪些程式碼要執行，哪些程式碼不要執行，if 後面接
一個邏輯判斷式，如果判斷式成立（True）就執行 if 區段中的程式碼，
如果不成立（False）就執行 else 區段中的程式碼。區段 else 部分也可
以加上 if 進行額外的判斷，使用的語句是 elif。以下面程式碼為例，先
從標準輸入裝置（鍵盤）輸入一個字串，如果這個字串中有「開」這個
字，就印出現在燈開了以及早安這兩行字串，否則如果有「關」這個字
就印出現在燈關了以及晚安，如果既沒有「開」也沒有「關」就印出命
令錯誤，如下：

```
text = input('請輸入命令：')
if '開' in text:
    print('現在燈開了')
    print('早安')
elif '關' in text:
    print('現在燈關了')
    print('晚安')
else:
    print('命令錯誤')
```

注意 if、elif 與 else 最後要加上冒號「:」代表程式區段開始，類似其他
語言的左大刮號「{」或是「BEGIN」。除此之外，Python 沒有程式區段
的結束符號，因此用來決定程式區段範圍純粹靠的是縮排。縮排可以使
用 TAB 鍵縮排也可以使用 SPACE 鍵縮排，不論縮排幾個字都可以只要
有縮排就好。但要特別注意的是相同程式區段中每行的縮排格式必須一
致，例如程式區段的第一行使用 SPACE 鍵縮排 2 字元，同一區段中的
其他行也都要使用 SPACE 鍵縮排 2 字元；或者第一行用 TAB 鍵縮排，
之後的每一行都要用 TAB 鍵縮排。如果縮排格式不一致，就會得到一
個錯誤訊息，如下。

```
IndentationError: unindent does not match any outer indentation level
```

縮排是 Python 語法的一部份也是這個語言的一項特色，對那些經常程式
碼左側切齊或是隨意縮排的程式設計師們，這會是一個養成良好程式撰
寫風格的絕佳機會。

If 語句中的 elif 或者 else 區段都可以依據實際需求來決定是否要添加，
例如只有 if 區段的程式如下：

```
n = int(input(' 請輸入一個數字 '))
if n < 0:
    n = -n
```

上述程式會讓輸入值為負的時候改為正的，也就是取絕對值的意思。
If、elif 或是 else 區段中當然可以再有 if 區段以形成巢狀條件判斷，只
要縮排格式正確即可，如下：

```
text = input(" 請輸入一個字串 : ")
if " 開 " in text:
    if " 廚房 " in text:
        print(" 現在廚房開燈了 ")
    if " 客廳 " in text:
        print(" 現在客廳開燈了 ")
```

▶ 運算子與邏輯運算子

兩個數值或變數間要怎麼運算靠的是運算子，例如常見的加減乘除。而在 if 判斷式中，兩個變數與數值間的運算結果必須是布林值才能讓 if 決定是否要執行 if 區段中的程式碼，因此我們需要知道哪些運算子可以產生布林值。

運算子	範例	說明
==	a == 10	若變數 a 的內容等於 10 傳回 True
>	a > 10	若變數 a 的內容大於 10 傳回 True
<	a < 10	若變數 a 的內容小於 10 傳回 True
>=	a >= 10	若變數 a 的內容大於等於 10 傳回 True
<=	a <= 10	若變數 a 的內容小於等於 10 傳回 True
!=	a != 10	若變數 a 的內容不等於 10 傳回 True
is	a is None	若變數 a 的內容等於 None 傳回 True
is not	a is not None	若變數 a 的內容不等於 None 傳回 True
in	' 開 ' in text	字串 text 中有「開」這個字傳回 True

None 是 Python 的一個特殊值，代表「空的」或是「什麼都沒有」的意思，相當於其他語言的 null 或是 nil。判斷變數是否為 None 要用 is 或是 is not，不可以用「==」或「!=」。

If 後方接著的條件判斷式並不一定只能有一個判斷式，如果有兩個以上的判斷式，就需要使用邏輯運算子把兩個判斷式連接起來。Python 的邏輯運算子有三個 and、or 與 not，其中 and 與 or 就是用來連結兩個判斷式的，例如：

```
if a >= 10 and a < 20:
    print(' 範圍在 10 到 20 之間 ')
```

上述程式碼代表變數 a 的值如果大於等於 10 並且不到 20 的話，就會進入 if 區段。注意邏輯運算子的優先順序是不一樣的，and 的優先順序比 or 大，例如：

```
window = 'close'
temp = 25
humi = 70

if window == 'close' or temp > 28 and humi > 80:
    print('把冷氣打開')
```

上述這段程式碼的意思是如果窗戶關閉或者氣溫超過 28 度且濕度超過 80% 時就把冷氣打開。由於 and 的優先順序比 or 高，因此 and 會先運算，運算完的結果再跟 or 運算。如果希望 or 先運算，可以使用小刮號來改變優先順序，例如下述程式碼，這個意思是只要濕度不到 80% 時，不論氣溫多高或是窗戶是否緊閉，冷氣都不會打開。

```
if (window == 'close' or temp > 28) and humi > 80:
    print('把冷氣打開')
```

邏輯運算子的真值表如下所示，其中 A 與 B 都代表一個獨立的判斷式，例如 A 表示 x >= 10，B 表示 y > 0：

▶ 邏輯且（and）

A	B	A and B
True	True	True
True	False	False
False	True	False
False	False	False

▶ 邏輯或（or）

A	B	A or B
True	True	True
True	False	True
False	True	True
False	False	False

▶ 否定（not）

A	not A
True	False
False	True

▶ For 迴圈

For 迴圈的語法結構如下：

```
for 變數 in [陣列]:
    要重複執行的程式碼
```

雖然陣列在稍後章節才會正式介紹，這裡我們就先簡單理解一下陣列的語法就是用中刮號將一堆資料綁在一起的一種資料結構就好了，例如：

```
zoo = ['長頸鹿', '獅子', '老虎', '斑馬']
```

變數 zoo 中放了四筆資料（較正式的用詞為元素，element），這四筆資料的型態為字串因此用單引號夾住。資料與資料間用逗號「,」分隔，頭尾用中刮號「[…]」夾起來，因此變數 zoo 就是一個陣列。對陣列而言，裡面放的資料型態不一定只能是字串，數字或是其他任何資料型態都可以，我們先瞭解到這樣即可。陣列中的資料數量就代表了這個 for 迴圈要重複執行幾次，每執行一次都會依序從陣列中由左至右取出一筆資料放在 for 後面的變數中，舉例如下：

```
zoo = ['長頸鹿', '獅子', '老虎', '斑馬']
for animal in zoo:
    print('動物園有{}'.format(animal))
```

這段程式的輸出結果是：

動物園有長頸鹿
動物園有獅子
動物園有老虎
動物園有斑馬

另外一個要特別注意的地方是 for 迴圈第一行最後的「:」號，這代表了一個程式區段的開始，然後在該區段中的所有程式碼都必須要縮排，而且縮排格式必須要一致，這樣所有被縮排的程式碼就是要重複執行的部分了。

接下來試想一個狀況，如果我們需要 for 迴圈重複執行 100 次，難到要手動準備好一個擁有 100 個元素的陣列嗎？當然不是，Python 沒有這麼難搞。函數 range() 永遠是 for 迴圈的好朋友，range() 傳回 for 迴圈所需要的陣列，例如我們想要計算 0+1+2+…+100 時，我們使用 range(101) 產生一個 [0, 1, 2, …, 100] 共 101 個元素的陣列。請參考本節補充說明。

```
sum = 0
for i in range(101):
    sum += i
print(sum)
```

呼叫 range(101) 後產生的陣列剛好給 for 迴圈使用，因此 for 迴圈區段中的程式碼就會執行 101 遍。

函數 range() 除了可以接受一個參數外，也可以接受兩個參數，例如 range(5, 10)，代表陣列的內容為 5, 6, 7, 8, 9（不包含 10）；也可以接受三個參數，例如 range(5, 10, 2) 代表從 5 開始一次增加 2，但不超過 10，因此會產生資料為 5, 7, 9 的陣列。

在迴圈中，我們還可以使用 continue 與 break 來改變迴圈的執行流程。如果執行時遇到 continue，程式會立刻回到 for 迴圈的開頭位置，並且從陣列中挑選下一筆資料來執行，例如：

```python
for i in range(10):
    if i == 5:
        continue
    print(i)
```

if 語法表示 i 如果等於 5 的話就要執行 continue，這時候 continue 之後的程式碼都不會執行，程式立刻回到 for 的開頭處，並且從陣列中取出下一筆資料，也就是 6 然後繼續執行 for 迴圈的程式區段。因此，當這段程式碼跑完，螢幕上會顯示 0 1 2 3 4 6 7 8 9，少了 5。

若執行到 break，程式會立刻跳出迴圈不論該迴圈還有多少遍需要跑，例如：

```python
for i in range(10):
    if i == 5:
        break
    print(i)
```

這時候輸出結果僅僅為 0 1 2 3 4。

當迴圈結束時我們可以在 else 區段中撰寫一些離開迴圈前會執行的程式碼，例如：

```python
for i in range(10):
    print(i)
else:
    print(' 迴圈即將結束 ')
print(' 迴圈已結束 ')
```

注意 else 跟 for 是同一層（縮排層級一樣），這裡 else 區段中的程式碼只有在 for 迴圈「正常」結束時才會執行，意思是如果用 break 跳離迴圈的話，else 區段是不會執行的，但 continue 會。

▶ While 迴圈

除了 for 迴圈外，while 迴圈是 Python 的另外一種迴圈形式，語法是 while 後方接一個邏輯判斷式，如果該判斷式傳回 True 則進入迴圈區段 中執行，例如要產生費式數列（Fibonacci）中的前 10 個，程式碼如下：

```
n = 0
a, b = 1, 1
while n < 10:
    print (a, end=' ')
    a, b = b, a + b
    n += 1
# 輸出結果為  1 1 2 3 5 8 13 21 34 55
```

我們在 for 迴圈中看到的 break、continue 與 else 等用法，在 while 迴圈 中也可以使用，用法跟 for 迴圈一模一樣。

補／充／說／明

在 Python 3 中，range() 函數傳回結果嚴格講起來並不是陣列而是一個 物件，我們可以用 type() 函數來證明這樣的結果（為方便起見，這裡直 接在 Python 直譯環境中輸入程式碼），如下：

```
>>> range(10)
range(0, 10)
>>> type(range(10))
<class 'range'>
```

如果想要得到 range() 所產生的陣列，可以使用 list() 函數做型別轉換， 如下：

```
>>> list(range(10))
[0, 1, 2, 3, 4, 5, 6, 7, 8, 9]
```

1-2-5 資料結構

Python 具有四大資料結構，分別是 list、tuple、set 與 dictionary，分述如下：

▶ List

串列，也是陣列。雖然在有些程式語言中，串列跟陣列不一樣，不過在 Python 裡這兩者沒什麼差別，範例如下：

```
arr = ['台北', '台中', '高雄']
```

語法是用中刮號夾住每一個元素。在 Python 中，陣列的每一個元素的資料型態不用一致，例如下述陣列中的元素包含了字串、數字與另一個陣列。

```
arr = ['台北', 30, 0.7, [1, 2, 3]]
```

存取陣列內容是透過陣列索引，例如要取得上述陣列中的 0.7 這個值，或是將台北改為花蓮，程式碼如下：

```
print(arr[2])   ## 印出 0.7
arr[0] = '花蓮'
```

Ptyhon 的陣列索引值一律從 0 開始一直到陣列元素個數減 1，換句話說陣列中的第一個元素其索引值為 0，其實幾乎每個語言都是如此。但是 Python 的陣列索引值除了有「正」索引值之外，還有「負」索引值，對映方式如下表：

陣列 arr = ['台北', '新竹', '台中', '嘉義', '台南', '高雄']

陣列內容	台北	新竹	台中	嘉義	台南	高雄
正索引	0	1	2	3	4	5
負索引	-6	-5	-4	-3	-2	-1

由此可知，如果要存取陣列中最後一筆資料，可以使用 arr[-1] 即可，非常方便。例如取出高雄除了可以用 arr[5] 之外，也可以使用 arr[-1]。

常用的函數有：

- len(list)：取得串列元素個數。

```
arr = ['台北', '台中', '高雄']
print(len(arr)) ## 印出 3
```

- append(element)：從陣列尾端附加一個元素。

```
arr = ['台北', '台中', '高雄']
arr.append('屏東')
## ['台北', '台中', '高雄', '屏東']
```

- insert(index, element)：從指定位置插入一個元素，例如將「基隆」放在陣列開頭位置。

```
arr = ['台北', '台中', '高雄']
arr.insert(0, '基隆')
## ['基隆', '台北', '台中', '高雄']
```

- remove(element)：刪除第一個符合的元素。

```
arr = ['台北', '台中', '高雄']
arr.remove('台中')
## ['台北', '高雄']
```

補/充/說/明

若要刪除所有符合條件的元素，程式碼如下：

```
arr = ['基隆', '台北', '台中', '高雄', '基隆']
arr = [c for c in arr if c != '基隆']
## ['台北', '台中', '高雄']
```

- sort([reverse=False])：排序。

```
arr = [1, 5, 2, 3]
arr.sort()
## [1, 2, 3, 5]
```

```
arr = [1, 5, 2, 3]
arr.sort(reverse=True)
## [5, 3, 2, 1]
```

- sorted(list[, reverse=False])：排序。與 sort() 不同處在於 sorted() 不會修改原本的陣列內容，而是將排序後的結果放到新的陣列中。

```
arr = [1, 5, 2, 3]
new = sorted(arr, reverse=True)
## arr = [1, 5, 2, 3]
## new = [5, 3, 2, 1]
```

- copy()：陣列複製。先看一段程式碼。下方程式碼中，當修改陣列 b 的內容時，同時間也是動到陣列 a 的內容。

```
a = [1, 2, 3, 4]
b = a
b[2] = 10
print(a)
## [1, 2, 10, 4]
print(b)
## [1, 2, 10, 4]
```

若不希望修改 b 時 a 也跟著改，就需要將 a 的內容複製給 b。

```
a = [1, 2, 3, 4]
b = a.copy()
b[2] = 10
print(a)
## [1, 2, 3, 4]
print(b)
## [1, 2, 10, 4]
```

▶ Tuple

Tuple 跟陣列非常類似，差別在於一旦將值放到 tuple 後就無法修改其內容了，換句話說，tuple 相當於「常數」陣列。語法範例如下，注意使用小括號：

```
a = (1, 2, 3, 4)
```

取得 tuple 中的元素內容，跟陣列一樣，使用索引值，範例如下，注意這裡使用中括號框住索引值：

```
a = (1, 2, 3, 4)
print(a[2]) ## 印出 3
```

由於無法修改 tuple 的內容，因此常用的函數只有一個：

- len(tuple)：取得 tuple 中的元素個數。

  ```
  a = (1, 2, 3, 4)
  print(len(a)) ## 印出 4
  ```

▶ Set

Set 為集合，特性是集合中的元素具有唯一性，並且也沒有順序性，使用的符號為大括號，語法範例如下：

```
s = {'淡水', '日月潭', '墾丁'}
```

通常使用運算子 in 或是 not in 來檢查某個元素是否在集合中，例如：

```
s = {'淡水', '日月潭', '墾丁'}
print('淡水' in s)      ## True
print('野柳' not in s)  ## True
```

常用的函數有：

- len(set)：取得集合中元素個數。

```
s = {'淡水', '日月潭', '墾丁'}
print(len(s))   ## 印出 3
```

- add(clement)：將元素加到集合中，如果集合中已經存在此元素，不會報錯，也不會多一個。

```
s = {'淡水', '日月潭', '墾丁'}
s.add('關山')
## {'關山', '淡水', '日月潭', '墾丁'}
```

- remove(element)：從集合中刪除某元素。

```
s = {'淡水', '日月潭', '墾丁'}
s.remove('日月潭')
## {淡水', '墾丁'}
```

- issubset(S)：判斷是否為 S 的子集合。

```
s1 = {1, 2, 3, 4}
s2 = {2, 3}
print(s2.issubset(s1))   ## True
```

- issuperset(S)：判斷是否為 S 的超集合。

```
s1 = {1, 2, 3, 4}
s2 = {2, 3}
print(s1.issuperset(s2))   ## True
```

- isdisjoint(S)：判斷是否與 S 的交集為空集合。

```
s1 = {1, 2, 3, 4}
s2 = {5}
print(s1.isdisjoint(s2))   ## True
```

- union(S)：聯集運算。

```
s1 = {1, 2, 3, 4}
s2 = {4, 5}
print(s1.union(s2))
## {1, 2, 3, 4, 5}
```

- intersection(S)：交集運算。

```
s1 = {1, 2, 3, 4}
s2 = {4, 5}
print(s1.intersection(s2))
## {4}
```

- difference(S)：差集運算。

```
s1 = {1, 2, 3, 4}
s2 = {4, 5}
print(s1.difference(s2))
## {1, 2, 3}
print(s2.difference(s1))
## {5}
```

▶ Dictionary

字典結構，為因應 json 格式而衍生出來的資料結構。字典結構有點類似集合與陣列的混和體。字典結構中的每一個元素包含了 key 與 value 這兩個部分，key 可以是字串、數字或是布林型態，value 的型態沒有限制，除此之外，每一個字典結構中 key 不可以重複。存取方式跟陣列一樣，只不過索引值的部分換成 key 即可。語法範例如下：

```
d = {'uid': 'A01', 'name': '王大明'}
print(d['name'])    ## 印出 王大明
d['uid'] = 'B01'    ## 將 uid 的內容 A01 改為 B01
print(d['uid'])     ## 印出 B01
```

要在字典中增加一筆資料，只要直接給一個新的 key 值就可以了，如果字典中已經存在這個 key，就相當於修改該 key 的值。

```
d = {'uid': 'A01', 'name': '王大明'}
d['age'] = 30
print(d['age'])      ## 印出 30
```

刪除 key 可用 del 運算子，如下：

```
d = {'uid': 'A01', 'name': '王大明'}
del d['name']
## {'uid': 'A01'}
```

常用的函數有：

- len(dict)：取得字典中 key-value 配對的個數。

  ```
  d = {'uid': 'A01', 'name': '王大明'}
  print(len(d))    ## 印出 2
  ```

- keys()：取得字典中所有的 key 並且以陣列形式傳回。

  ```
  d = {'uid': 'A01', 'name': '王大明'}
  for k in d.keys():
      print(k)
  ```

- values()：取得字典中所有的 value 並且以陣列形式傳回。

  ```
  d = {'uid': 'A01', 'name': '王大明'}
  for v in d.values():
      print(v)
  ```

- items()：取得字典中所有的 key-value 配對並且以陣列形式傳回。

  ```
  d = {'uid': 'A01', 'name': '王大明'}
  for p in d.items():
      print(p)
  ## ('uid', 'A01')
  ## ('name', '王大明')
  ```

1-2-6 命令列參數

當我們在執行 Python 程式時除了可以透過標準輸入方式取得使用者輸入的資料外,也可以使用命令列參數的方式取得。所謂的命令列參數就是讓使用者將資料直接放在命令列,例如在 UNIX 中的「ls -l」查詢目錄下所有檔案的指令,其中「-l」就是命令列參數。

由於不知道使用者會在命令列放幾個參數,因此所有的參數都會存放在一個特定的陣列中,而該陣列被定義在 sys 這個函數庫,因此使用命令列參數時必須要先匯入這個函數庫,然後再透過陣列索引值來取得每一個參數值。

步驟與說明

① 編輯 args.py(檔名任取)。

```
import sys
print(sys.argv)
```

② 執行時輸入以下參數。

```
$ python3 args.py 1 2 3
```

③ 執行看看。

```
['args.py', '1', '2', '3']
```

> **補/充/說/明**
>
> 從命令列參數取得的值,其資料型態一律為 str。

④ 將參數加總起來。

```
ans = int(sys.argv[1]) + int(sys.argv[2]) + int(sys.argv[3])
print(ans)    ## 印出 6
```

1-2-7 錯誤處理

當程式遇到執行不下去的時候會產生執行時錯誤,然後當掉,例如分母
為零的除法運算。為避免程式當掉,所以我們要處理執行時錯誤,也就
是偵測、攔截、處理。在 Python,我們用 try except 語法來完成錯誤處
理程序。

步驟與說明

1 設計一個除法運算程式。

```
x = input('請輸入分子')
y = input('請輸入分母')
r = float(x) / float(y)
print(r)
```

2 這段程式碼至少會產生兩種不同的錯誤:一種是分母輸入 0;另一
種是輸入的不是數字,導致轉成 float 時出現無法轉換的錯誤。分
母為 0 的錯誤訊息為 ZeroDivisionError: float division by zero,型態
錯誤的錯誤訊息為 ValueError: could not convert string to float: 'abc'。

3 將會造成執行時錯誤的程式碼放到 try 區段中。

```
x = input('請輸入分子')
y = input('請輸入分母')
try:
    r = float(x) / float(y)
    print(r)
except ZeroDivisionError:
    print('分母不可為零')
except ValueError:
    print('請輸入數字')
finally:
    print('不論有沒有錯都會執行到這裡')
```

4 執行看看。

補/充/說/明

我們也可以用這樣的程式碼來攔截所有的錯誤與問題（包含按 Ctrl-C 中斷程式）。

```
import sys
try:
    x = input('請輸入分子')
    y = input('請輸入分母')
    r = float(x) / float(y)
    print(r)
except Exception as e:
    # 分母為零或是輸入的不是數字
    print('錯誤：{}'.format(e))
except:
    # 按下 Ctrl+C 中斷程式
    print('其餘問題：{}'.format(sys.exc_info()[0]))
finally:
    print('不論有沒有錯都會執行到這裡')
```

1-3 字串處理

Python 的字串型別具有豐富的字串處理函數可以讓我們很容易的操作字串,例如子字串處理、搜尋、取代、轉大小寫等。

1-3-1 字串長度

計算字串長度使用 len() 函數,英文以字元中文以字為單位。

步驟與說明

1 計算 hello world 的長度。

```
s = 'hello world'
print(len(s))
```

2 執行看看,結果為 11。

1-3-2 子字串

要取得一個字串中的部分字串,就把該字串當作字元陣列,然後用陣列方式來處理即可。比較特殊的地方是 Python 的陣列索引值除了有正索引之外,還有負索引。

字串	p	y	t	h	o	n
正索引	0	1	2	3	4	5
負索引	-6	-5	-4	-3	-2	-1

步驟與說明

1 設定一個字串。

```
s = 'python'
```

2 透過陣列索引值取得字串的各個部分。

```
# 取索引 2 的字
print(s[2])      # t

# 取索引 2 到 4 但是不包含 4
print(s[2:4])    # th

# 取索引 1 到索引 -2 但不包含 -2
print(s[1:-2])   # yth

# 開頭取 4 個字
print(s[:4])     # pyth

# 結尾取 3 個字
print(s[-3:])    # hon
```

3 執行看看。

1-3-3 搜尋

字串搜尋的目的是找到特定字串在某個字串中的位置，找到位置後才能
進一步的處理，例如把特定長度的字串取出來。Python 的字串搜尋有兩
個函數：index() 與 find()。這兩個函數的參數與用法幾乎一模一樣，唯
一的差別在於如果找不到特定字串的時候，index() 會丟出 exception，而
find() 會傳回 -1。這裡以 index() 為範例，find() 就不再贅述。

步驟與說明

1 在 hello world 字串中搜尋字串 o，如果有找到會傳回 o 所在的位
置，如果找不到會丟出 ValueError 的 exception，所以用 try except
攔截這個錯誤就可以知道是否有找到。

```
s = 'hello world'
try:
    index = s.index('o')
    print(index)
except:
    print('not found')
```

2 執行後會印出 4，因為 o 在第 5 個字，其陣列索引值為 4。

③ 若要找出字串中所有 o 的位置（hello world 中有兩個 o），則需要靠 index() 函數中的第 2 與第 3 個參數。第 2 個參數是設定從哪個位置開始搜尋，預設是 0 代表從頭開始搜尋；第 3 個參數是設定搜尋到那個位置，預設是最後一個字。所以這兩個參數的目的就是設定搜尋範圍。

```python
s = 'hello world'
try:
    index = -1
    while True:
        index = s.index('o', index + 1, len(s))
        print(index)
except:
    if index == -1:
        print('not found')
```

④ 執行看看。會印出 4 與 7。

1-3-4 頭尾去空白

當某個變數中的字串頭尾都有空白的時候，這裡指的「空白」除了空白鍵之外還包含了 TAB 鍵與換行符號，若這些空白會影響資料正確性的時候，就需要將他們移除。

步驟與說明

① 一個頭尾都有空白的字串。

```python
s = '    \t\nhello world\n\r    '
```

② 去空白處理有三個函數：lstrip()、rstrip() 與 strip()。

```python
t = s.lstrip()
print('左側去空白：[{}]'.format(t))

t = s.rstrip()
print('右側去空白：[{}]'.format(t))

t = s.strip()
print('頭尾去空白：[{}]'.format(t))
```

3 執行看看。

```
左側去空白：[hello world
           ]
右側去空白：[
hello world]
頭尾去空白：[hello world]
```

1-3-5 取代

取代的目的是將字串中特定的字換成別的字，例如將字串 abc 中的 b 換成 5 變成 a5c。

步驟與說明

1 設定一個字串。

```
s = 'hello world'
```

2 將小寫的 l 換成大寫 L。

```
t = s.replace('l', 'L')
print(t)
```

3 執行看看。

```
heLLo worLd
```

補/充/說/明

replace() 函數可以接受第 3 個參數，該參數用來指定要取代幾個，例如：

```
t = s.replace('l', 'L', 1)
```

這樣執行完的結果會是 heLlo world，只換掉第一個 l。

1-3-6 分割

若字串中有一些特定的字串或符號，我們就可以從這個地方把原本的字串分割開來，分開後的結果以陣列形式傳回。

步驟與說明

1 一個以「:」分隔三個欄位資料的字串。

```
s = 'A01:王大明:臺中市台灣大道1號'
```

2 從「:」處將字串分割成三段字串，這三段字串以陣列形式傳回。

```
arr = s.split(':')
print(arr)
```

3 執行看看。

```
['A01', '王大明', '臺中市台灣大道1號']
```

補/充/說/明

split() 函數接受第二個參數，該參數設定要分割幾次，例如：

```
arr = s.split(':', 1)
```

這樣執行結果會是：

```
['A01', '王大明:臺中市台灣大道1號']
```

1-3-7 特定開頭與結尾

當我們想要知道字串是否由某個特定的字串開頭，或是某個特定的字串結尾時，就可以用這個方式來判定，如果有就會傳回 True，否則傳回 False。

步驟與說明

1 設定字串。

```
s = '溫度：20度C'
```

2 判定是否有某個字串開頭用 startswith() 函數。

```
print(s.startswith('溫度'))
```

3 判定是否有某個字串結尾用 endswith() 函數

```
print(s.endswith('F'))
```

4 執行看看。

```
True
False
```

1-3-8 轉大小寫

這裡的函數當然只對英文有效，如果是中文字，自然沒有大小寫之分。

步驟與說明

1 設定字串。

```
s = 'hello WORLD'
```

② 轉大寫、轉小寫與首字大寫。

```
print(' 全部轉大寫 : {}'.format(s.upper()))
print(' 全部轉小寫 : {}'.format(s.lower()))
print(' 首字大寫 : {}'.format(s.capitalize()))
```

③ 執行看看。

```
全部轉大寫 : HELLO WORLD
全部轉小寫 : hello world
首字大寫 : Hello world
```

1-3-9 運算子 in

如果只是想要知道字串中是否包含了某個特定的字串，不一定需要使用 index() 或 find() 函數，只要使用運算子 in 就可以了。in 會傳回 True 或 False 來表示該字串中是否包含了某特定字串。

步驟與說明

① 設定一個字串。

```
s = 'hello world'
```

② 檢查某個字串是否包含於其中。

```
if 'wo' in s:
    print(' 包含 ')
else:
    print(' 未包含 ')
```

③ 執行看看。結果會印出「包含」。

1-4 函數

1-4-1 定義與呼叫

函數的目的是為了讓程式更結構化,也能夠讓我們關注在需要關注的程式碼,進而程式才能越寫愈大。定義函數的方式為使用 def 保留字後面接函數名稱即可。函數有兩種形式,一種有傳回值,一種則是沒有傳回值,定義方式都一樣,區別方式只是看函數執行到最後是否有 return 而已。

步驟與說明

① 定義一個印出 hello world 的函數,注意冒號與縮排。

```
def hello():
    print('hello world')
```

② 呼叫的程式碼必須在 def 之後才行,否則會得到錯誤訊息。

```
hello()
```

③ 執行看看。

補/充/說/明

Python 允許函數內可以再定義一個函數,函數中的函數就只能在函數中呼叫,函數外的程式碼是無法直接呼叫到函數中的函數。範例如下:

```
def hello():
    def inner():
        print('hi')
    print('hello world')
    inner()
```

1-4-2 參數與傳回值

如果函數需要額外的數值才能夠運算,這時定義函數時就必須指定有哪
些參數需要傳進去,呼叫的時候可以指定傳進去的值屬於那個參數或者
也可以不指定。

步驟與說明

1 定義一個將兩個數值相減並且將結果傳回去的函數。

```
def minus(x, y):
    return x - y
```

2 呼叫時可以不指定參數名稱也可以指定參數名稱。

```
n1 = minus(5, 3)
n2 = minus(y=5, x=3)
print(n1)    # 印出 2
print(n2)    # 印出 -2
```

3 執行看看。

1-4-3 預設值

函數參數可以設定預設值,有預設值的參數在呼叫的時候如果沒有傳該
參數所需要的值時,該參數的內容就是預設值。

步驟與說明

1 定義一個函數,其中參數 n 有預設值 1。

```
def echo(str, n=1):
    for i in range(n):
        print(str)
```

2 呼叫時若沒有給 n 的值,n 的內容就是 1。

```
echo('hello', 3)
echo('hi')
```

③ 執行看看。

```
hello
hello
hello
hi
```

1-4-4 不固定參數

不固定參數的意思是函數在呼叫時不知道會傳多少個參數進去，因此在定義函數時的參數個數就需要特別處理。不固定參數的形式有兩種，一種是值在沒指定名稱情況下其個數不固定，另一種則是傳進去的值都指定了名稱且個數不固定。

步驟與說明

① 定義一個參數個數不固定的函數，並且呼叫他。函數 f1() 中的參數 val 結構為 tuple，而函數 f2() 中的 val 結構為 dict（字典）。

```
def f1(*val):
    print(val)

def f2(**val):
    print(val)
```

② 分別呼叫 f1() 與 f2()。

```
f1(1, 2)
f1(2, 3, 7)
f2(uid='A01')
f2(uid='A01', cname=' 王大明 ')
```

③ 執行看看。

```
(1, 2)
(2, 3, 7)
{'uid': 'A01'}
{'uid': 'A01', 'cname': ' 王大明 '}
```

1-4-5 Call by Object

參數傳遞的方式基本上有兩種類型：傳值呼叫（call by value）與傳址呼叫（call by address）。差異在於使用傳值呼叫時，函數內部將傳進去的值改掉後，外部並不會跟著改變，而傳址呼叫則會。Python 則是根據不同的資料型態來決定呼叫方式，稱之為「Call by Object」或「Call by Sharing」，例如 str、int、float、bool 這幾個變數傳到函數中時，相當於傳值呼叫；而 list、dict 與 class 則類似傳址呼叫。以 int 與 list 為範例，各位讀者應該可以明白意思了。

步驟與說明

1 傳遞 int 型態的變數，此時函數中改的是變數 n 的「複製品」。

```
n = 0
def changeValue(n):
    n = 20

def main():
    changeValue(n)
    print(n)

main()
```

2 執行後的結果是 n 等於 0，也就是雖然在函數 changeValue() 中將 n 的內容改掉了，但是回到 main() 的時候 n 依然是 0。

3 若傳遞的是 list 也就是陣列時，函數中真的會將陣列內容改掉，也就是改到了變數 arr 的「本尊」。

```
arr = [10, 20, 30]
def changeList(n):
    arr[1] = 5

def main():
    changeList(arr)
    print(arr)

main()
```

④ 此時執行結果會是 [10, 5, 30]，原本的 20 會被改為 5。

1-4-6 全域變數

全域變數指的是變數的生命週期（又稱有效範圍）涵蓋了變數所在的那
一個 Python 檔案；而相對於全域變數，另一種生命週期僅止於函數內部
的變數稱為區域變數。由於 Python 的變數不用事先宣告，因此當區域變
數與全域變數的變數名稱都一樣的時候，區域變數的優先權比全域變數
來的高。

步驟與說明

① 以以下程式碼為例，最後 print 會印出什麼值？

```
n = 0
def modifyValue():
    n = 20

modifyValue()
print(n)
```

② 執行看看，應該會看到 0。這是因為函數中的 n 是區域變數，跟第
一行的 n 完全八竿子打不到一起。

③ 若希望函數中的 n 就是第一行全域變數的 n，那就必須明確的告訴
Python 接下來的 n 指的是全域變數的 n。

```
def modifyValue():
    global n
    n = 20
```

④ 執行看看，這時就會看到結果為 20。

1-5 模組與類別

1-5-1 建立模組

當我們使用 import 匯入一個 lib 的時候，那個 lib 就是一個模組，也就是我們把一些程式碼寫在另外一個檔案裡面然後匯入進來使用。使用模組可以讓我們專心在我們眼前的程式碼，不用每次開啟檔案後就要面對上百上千行的程式，而大部分的程式碼都不是當下所需要關注的。透過模組可以讓程式架構更清楚維護上也更容易。

建立模組很簡單，把想要變成模組的程式碼搬到另外一個檔案去就完成了，不論是不是函數都可以。

步驟與說明

1 將以下的程式碼存成 modop.py。

```
def add(x, y):
    print(x + y)
```

2 在主程式（例如 myproj.py）中匯入 modop 這個模組並且呼叫其中的函數。

```
import modop
modop.add(5, 3)
```

3 執行看看。

補/充/說/明

匯入的方式有以下幾種：

匯入方式	呼叫方式	說明
import modop	modop.add(5, 3)	
import modop as m	m.add(5, 3)	為 modop 取個別名 m，呼叫的時候就使用別名呼叫。
from modop import add	add(5, 3)	只匯入 modop 中的 add 函數，用此種方式匯入後，函數呼叫可以省略模組名稱。若還有其他函數也要匯入，可依序放在 add 後面，中間用逗點「,」隔開即可。
from modop import *	add(5, 3)	匯入 modop 中的所有函數，呼叫函數時可以省略模組名稱。

1-5-2 當模組還是當自己

這標題的意思是，一個 python 檔案中的程式碼在執行的時候，是被另外一個 python 程式匯入後執行還是他自己單獨在執行。（請先參考：1-5-1 建立模組）

步驟與說明

1 開啟上一單元中的 modop.py，修改 add() 函數讓結果回傳回去，並在最後加上一行除錯用程式碼。

```
def add(x, y):
    return x + y

print('DEBUG: 5 + 3 = {}'.format(add(5, 3)))
```

2 執行 modop.py，執行結果為：

```
DEBUG: 5 + 3 = 8
```

3 開啟 myproj.py，修改程式碼為：

```
from modop import *
print(add(2, 8))
```

4 執行 myproj.py，執行結果為：

```
DEBUG: 5 + 3 = 8
10
```

5 可以發現除了正確的 10 之外，還印出了 DEBUG 訊息，這是因為 myproj.py 匯入 modop.py 後，modop.py 中的程式碼就已經開始執行了。為了避免這種情形發生，可以在 modop.py 中利用 __name__ 這個系統變數來判定 modop.py 是自己在執行還是被另外一支程式匯入後執行。如果是自己在執行，__name__ 的內容是字串 "__main__"，如果是被別人匯入後執行，內容則是 "modop" 也就是檔案名稱的主檔名。

```
def add(x, y):
    return x + y

if __name__ == '__main__':
    print('DEBUG: 5 + 3 = {}'.format(add(5, 3)))
```

6 執行看看。DEBUG 訊息不見了。

```
10
```

1-5-3 建立 Package

Package 即是資料夾，也就是把許多的模組檔案分門別類後放到不同的資料夾中。建立 Package 很簡單，就是新增資料夾即可，只是 Python 2 與 Python 3 有一點不一樣。Python 2 必須在每個要變成 package 的資料夾中建立 __init__.py 的檔案，內容可以是空的，作用是該 package 中的模組被匯入時需要先執行的程式碼放在這裡，而 Python 3 可以省略這個檔案。(請先參考：1-5-1 建立模組)

步驟與說明

① 建立 mylib 資料夾，並且把 modop.py 移到該資料夾中。

② 開啟 myproj.py，匯入 mylib 資料夾中的 modop.py 模組

```
import mylib.modop
mylib.modop.add(5, 3)
```

③ 執行看看。

補/充/說/明

可以為 mylib.modop 設定別名，或是使用 from 的方式匯入 package 中的模組，請參考 1-5-1 建立模組。

```
import mylib.modop as m
m.add(5, 3)
```

1-5-4 建立類別

Python 是一個支援物件導向的語言，因此我們可以建立物件、宣告屬性 (成員變數)、撰寫方法 (成員函數) 以及用新的類別去繼承一個既有的類別。本單元不深入討論 Python 的物件導向語法，僅就本書其他需要的部分帶領讀者入門。

建立類別與產生實體

步驟與說明

1 建立一個「時鐘」類別，定義一個顏色屬性以及修改顏色與傳回顏色的方法。注意在每一個方法都必須接受一個名稱為 self 的參數，並且放在參數的第一個位置，若有其他的參數則需放在 self 後面。__init__() 為類別的初始化函數，成員變數的宣告可放在此函數中，並且需使用 self 開頭，若沒加 self 的變數只是該函數的區域變數。

```python
class Clock:
    def __init__(self):
        self.color = 'white'

    def setColor(self, color):
        self.color = color

    def getColor(self):
        return self.color
```

2 使用 Clock() 來產生類別的實體（instance）。

```python
def main():
    c1 = Clock()
    print('c1 的顏色為 {}'.format(c1.getColor()))

main()
```

3 執行看看。

```
c1 的顏色為 white
```

繼承

步驟與說明

1 建立 Clock2 類別並且繼承 Clock。

```
class Clock2(Clock):
    def __init__(self):
        self.color = 'black'
```

2 產生 Clock2 實體。

```
def main():
    c1 = Clock()
    print('c1 的顏色為 {}'.format(c1.getColor()))
    c2 = Clock2()
    print('c2 的顏色為 {}'.format(c2.getColor()))
```

3 執行看看。

```
c1 的顏色為 white
c2 的顏色為 black
```

存取等級

Python 的存取等級有三種：公有、私有與繼承。由屬性名稱來區分。一個底線開頭的變數為繼承，兩個底線開頭的變數為私有。

步驟與說明

1 公有等級：產生實體後可透過屬性名稱直接修改值。

```
def main():
    c1 = Clock()
    c1.color = 'green'
    print('c1 的顏色為 {}'.format(c1.getColor()))
```

2 執行結果為綠色（green）。

3 私有等級：若我們不希望直接使用屬性名稱來改變值，這時可以在屬性 color 前加上兩個底線「__」。

```python
class Clock:
    def __init__(self):
        self.__color = 'white'

    def setColor(self, color):
        self.__color = color

    def getColor(self):
        return self.__color
```

4 此時想要修改時鐘的顏色就必須透過 setColor() 方法了。

```python
def main():
    c1 = Clock()
    c1.setColor('green')
    print('c1 的顏色為 {}'.format(c1.getColor()))
```

5 繼承等級：若想要在 Clock2 中也能存取 Clock 中的 __color 屬性，並不是把 Clock 中的「__color」改為「_color」，這樣改其實會將 _color 變成公有等級，正確的方式是在 Clock2 中以「_Clock__color」方式存取。

```python
class Clock2(Clock):
    def __init__(self):
        self._Clock__color = 'black'
```

6 修改 main() 函數。

```python
def main():
    c2 = Clock2()
    print('c2 預設的顏色為 {}'.format(c2.getColor()))
    c2.setColor('green')
    print('c2 新的顏色為 {}'.format(c2.getColor()))
```

7 執行看看。

```
c2 預設的顏色為 black
c2 新的顏色為 green
```

補/充/說/明

由於 Python 的變數不用宣告就可以使用，因此物件的屬性也就可以隨叫隨用，例如下方程式碼，在 Clock 類別中其實沒有 style 這個屬性，但是在程式執行中可以任意加上這個屬性，而這個屬性不會作用到所有的實體。

```python
def main():
    c1 = Clock()
    c1.style = 'circle'
    print('c1 的樣式為 {}'.format(c1.style))
```

1-6 多執行緒

1-6-1 不使用類別

一般的程式同一時間只能執行一行程式碼，如果希望同一時間能夠執行兩行以上程式碼時，就需要開多執行緒。例如有兩個感測器需要同時偵測環境狀態變化時，這時候就需要建立多執行緒。

步驟與說明

1 匯入 threading 與其他需要的模組。

```python
import threading
import time, random
```

2 實做執行緒啟動時要執行的函數，這兩個函數分別印出 A 與 B。讓每個執行緒隨機睡一下，否則看不出執行緒的效果。

```python
def t1():
    for i in range(5):
        print('A')
        time.sleep(random.random())

def t2():
    for i in range(5):
        print('B')
        time.sleep(random.random())
```

3 建立執行緒並指定啟動時要呼叫的函數，然後啟動他。

```python
def main():
    threading.Thread(target=t1).start()
    threading.Thread(target=t2).start()
    print(' 主執行緒結束 ')

main()
```

④ 執行看看。

```
A
B
主執行緒結束
A
A
B
A
B
A
B
A
B
B
```

補/充/說/明

會看到 A、B 隨機交錯印出，並且每次結果都不一樣，這是因為 t1() 與 t2() 這兩個函數分別位於兩個不同的執行緒並且是同時執行的。

1-6-2 Daemon 執行緒

在上一節我們可以看到「主執行緒結束」的字出現後 A、B 還持續的印出，這是因為整個程式必須等所有執行緒結束才會真的結束，若某個執行緒中有無窮迴圈存在，那要結束這個程式會變的很麻煩，有時候只能使用 kill 指令刪除他。為了避免這樣的困擾，我們可以將執行緒設定為 daemon，這樣只要主執行緒結束，其餘執行緒就跟著結束。

步驟與說明

① 接著上一節中的第二步程式。

② 設定執行緒為 daemon。

```
def main():
    threading.Thread(target=t1, daemon=True).start()
    threading.Thread(target=t2, daemon=True).start()
    print(' 主執行緒結束 ')
```

補/充/說/明

如果是 Python 2，Thread 的 init 函數中沒有 daemon 參數，因此必須使用以下的寫法，當然這樣的寫法在 Python 3 也通用。

```
t = threading.Thread(target=t1)
t.setDaemon(True)
t.start()
```

③ 執行看看。

```
A
B
主執行緒結束
```

補/充/說/明

可以看到當「主執行結束」時，兩個執行緒也就跟著結束了，與上一節的執行結果比較，您應該可以輕易的分辨出其中的不同。

1-6-3 帶參數呼叫

執行緒啟動時所呼叫的函數是否可以傳遞參數，也就是從主執行緒中將資料傳遞到其他執行緒，答案是可以的。我們可以在建立執行緒的時候將資料傳遞過去，然後再啟動他。

步驟與說明

① 匯入相關模組。

```
import threading
import time, random
```

② 實做執行緒啟動時要執行的函數，並且接受兩個參數，第一個參數是要印出的字串，第二個參數則是要印出幾次。

```
def t1(word, n=0):
    print('{} 要印 {} 次 '.format(word, n))
    for i in range(n):
        print(word)
        time.sleep(random.random())
```

③ 建立執行緒，並且傳遞 t1() 函數所需要的兩個餐數值。

```
def main():
    threading.Thread(target=t1, args=['A', 1]).start()
    threading.Thread(target=t1, args=['B', 3]).start()
    print(' 主執行緒結束 ')

main()
```

④ 執行看看。

```
A 要印 1 次
A
B 要印 3 次
主執行緒結束
B
B
B
```

1-6-4 使用類別

當執行緒中要處理的事情過於複雜，需要動用到物件導向方式來讓程式架構更清楚時，我們就需要撰寫一個具有執行緒功能的物件來建立多執行緒。

步驟與說明

1 匯入相關模組。

```
import threading
import time, random
```

2 定義一個繼承 threadin.Thread 類別的自訂類別。在此類別中必須實做 __init__() 函數並且在其中呼叫父類別的 __init__() 函數,此外還必須實做 run() 函數,這個函數是當執行緒啟動時系統會呼叫的函數。

```
class MyClass(threading.Thread):
    def __init__(self, word):
        threading.Thread.__init__(self)
        self.word = word

    def run(self):
        for i in range(5):
            print(self.word)
            time.sleep(random.random())
```

3 產生實體並且啟動他,此時每個實體中的 run() 函數就會在新的執行緒中執行了。

```
def main():
    MyClass('A').start()
    MyClass('B').start()
    print(' 主執行緒結束 ')

main()
```

4 執行看看。

1-7 檔案存取

1-7-1 開檔與開檔類型

將資料儲存起來以便需要的時候還能再讀回來有許多方式,譬如將資料儲存在資料庫中,或是將資料儲存在檔案中都可以。儲存在資料庫中的資料當然相對是大量且複雜的資料結構,存取過程所需要的程式碼也相對多一些。若要儲存的資料其結構簡單,也不是上千上萬筆的資料量,例如電燈目前的狀態是亮還是滅,這時就不需要殺雞用牛刀的開資料庫存取了,我們把他儲存在檔案中即可。簡單、方便,且幾行程式碼就可以搞定。

要將資料從檔案中讀出或是寫到檔案去,檔案必須先被開啟後才能存取其內容。檔案開啟時要指定開檔模式,例如開啟後只能讀取內容而無法寫入,或是開檔後會將原本的檔案內容清除。各種開檔模式說明如下表:

開檔類型	說明
r	只能讀取資料(預設值)。檔案需存在才能開檔。
w	開檔後將檔案原本內容清除後再寫入資料。檔案不需先存在。
x	開檔後將檔案原本內容清除後再寫入資料。檔案需存在才能開檔。
a	在原本檔案內容的結尾處以附加的方式新增資料。檔案不需先存在。
r+	在原本檔案內容的開頭處以覆蓋的方式寫入新資料。檔案需存在才能開檔。

每一個開檔類型後方可以再加上 b,例如 rb、wb、r+b…等。b 的意思是 binary 格式,也就是檔案內容為二進位格式的檔案,例如 mp3、jpeg 或是 avi…等。二進位格式的內容開檔模式後面一定要加上 b,否則資料存取會不正確。

步驟與說明

1 開啟檔案。變數 f 有個專有名詞稱為 file handle，代表該變數指向 data.txt 這個檔案，之後只要對變數 f 存取資料，就相當於對 data. txt 存取資料。

```
f = open('data.txt', 'r')
```

2 開檔後的存取請參考之後章節。

3 結束後記得關檔，否則作業系統會鎖住這個檔案，導致之後無法 再開啟，往往要重開機才會解鎖。

```
f.close()
```

4 完成。

補/充/說/明

開檔除了第 1 步這種語法外，尚有另外一種寫法，而這種寫法比較好， 建議多加使用，就是使用 with 語法。使用 with 的方式來開檔後會產生 一個程式區段，檔案存取的工作就寫在這個區段內，只要程式一離開 with 區段就會自動關檔，所以可以省略關檔程式碼。

```
with open('data.txt', 'r') as f:
    # 檔案存取
```

1-7-2 讀檔

讀檔的目的就是從檔案中讀出資料。有幾種方式將檔案讀取出來,常用的方式不外乎是一次全部讀取,不然就是一次讀一行。

步驟與說明

① 開啟檔案,一次讀入全部資料後印出。

```
with open('data.txt', 'r') as f:
    text = f.read()
    print(text)
```

② 若希望一次讀入一行。

```
with open('data.txt', 'r') as f:
    for line in f:
        print(line)
```

補/充/說/明

變數 line 會包含每行結尾的換行符號,若要去除他們請使用 replace() 函數。

```
for line in f:
    line = line.replace('\n', '')
    line = line.replace('\r', '')
    print(line)
```

③ 若希望一次讀入全部並以行為單位放入陣列中。

```
with open('data.txt', 'r') as f:
    arr = f.readlines()
    print(arr)
```

> 陣列中的每一個元素都是一行，且包含了該行的換行符號。

④ 執行看看。

1-7-3 寫入

寫入資料就是將資料儲存到檔案中，即便關機也不用擔心資料遺失不見。寫資料到檔案中要留意的地方就是開檔模式，有些模式會將已經儲存的資料全部清除，有些則是從頭開始覆蓋掉原有的資料，因此要留意選擇的開檔模式是否正確。

步驟與說明

① 使用 write() 函數將資料寫入檔案內，寫完後使用 flush() 函數清緩衝區。

```
with open('data.txt', 'w') as f:
    f.write('Hi')
    f.flush()
```

② 執行看看。注意使用 w 模式開檔，只要檔案一開啟原有的資料就會被清除。

若檔案中原有的資料內容為「Python\n」，以下分別說明各種開檔模式造成的結果。

開檔模式	Hi 寫入後的檔案內容							
w 或 x	H	i						
a	P	y	t	h	o	n	\n	H	i
r+	H	i	t	h	o	n	\n		

1-7-4 移動檔案指標

想像在 file handle（變數 f）中有個指標會指向檔案內容的某個位置，作用類似於 word 中的游標，游標在哪裡，打字就打在哪裡。檔案指標則是該指標在哪裡，存取檔案內容的時候就以指標所在的位置為基準點來存取，函數 seek() 就是用來移動檔案指標用的。

使用 seek() 函數時，要以 binary 的形式開檔，這樣指標移動才會正確。seek() 有 2 個參數，第 1 個參數是偏移量，第 2 個參數則是起算位置（若是用 text 形式開檔，此參數只能填 0），參數說明如下表。

起算位置	說明	範例
0	從頭開始算	f.seek(0, 0) 將指標移到最開頭
1	從目前位置起算	f.seek(3, 1) 從現在位置往後移動 3 個字
2	從檔案最後一個字開始算	f.seek(-5, 2) 從最後面往前移動 5 個字

步驟與說明

① 建立一資料檔 data.txt，內容為 hello world。

② 開啟檔案並且讀檔。

```
with open('data.txt', 'r+b') as f:
    text = f.read().decode('utf-8')
    print(text)
```

③ 使用 seek() 函數移動檔案指標到開頭算起的第 6 個字。以下程式碼同樣放在 with 區段內，緊接在 print() 函數之後。

```
f.seek(6, 0)
text = f.read().decode('utf-8')
print(text)
```

④ 執行看看。

```
hello world
world
```

1-7-5 判斷檔案是否存在

我們經常需要判斷檔案是否存在，好用來做進一步的處理。例如如果檔案不存在，就需要使用 w 模式開檔，如果檔案已經存在，則需要使用 r+ 模式開檔…等。

步驟與說明

① 匯入 os。

```
import os
```

② 判斷某個檔案是否存在。

```
if os.path.isfile('data.txt'):
    print(' 檔案存在 ')
else:
    print(' 檔案不存在 ')
```

補/充/說/明

os.path.isfile() 用來判斷檔案是否存在。

os.path.isdir() 用來判斷目錄是否存在。

os.path.exists() 用來判斷檔案或目錄是否存在。

③ 執行看看。

1-7-6 目錄內容

如果我們想要列出某個目錄下的所有檔案，並且分辨他是不是另一層目錄，可以使用 listdir() 這個函數，他會傳回指定目錄下的所有檔案，並且以陣列形式傳回。

步驟與說明

① 匯入函數庫

```
import os
```

② 設定想要列出的目錄名稱，這裡以根目錄為例。

```
path = "/"
```

③ 列出根目錄的中的所有檔案，如果該檔案為目錄，印出時加上 <DIR> 標示。

```
for file in os.listdir(path):
    fullname = os.path.join(path, file)
    if os.path.isdir(fullname):
        print("{} <DIR>".format(file))
    else:
        print("{}".format(file))
```

④ 執行看看。

1-8 資料庫

1-8-1 建立資料表

Python 能夠連接的資料庫種類非常多，從小型的 SQLite 到大型的 SQL Server、、MySQL、Oracle 以及 NoSQL 類型的 MongoDB 都可以。本章節以 SQLite 為範例，至於其他類型資料庫，請讀者自行上網搜尋所需額外安裝的函數庫。

在大部分的情況下我們並不需要透過程式語言來建立資料庫結構（例如資料表、欄位、主索引、trigger⋯等），因為這些東西並不會經常變動，一旦建立完後可能很久才會修改一次，所以通常都會使用一個漂亮的圖形化介面滑鼠拉一拉選一選就完成了，當然有些人也善於使用 SQL 指令來建立資料庫結構。但在樹莓派或是其他的作業系統中，大部分都沒有內建的圖形化或是指令模式的資料庫管理系統（macOS 有內建 sqlite 管理系統，執行 sqlite3 即可），除非我們要自行安裝喜歡的管理系統，否則就要透過程式碼來產生資料庫結構了。

這個單元簡單範例一下如何使用 Python 語言建立資料表，若要更進階的指令，例如修改資料表、建立 trigger、建立或修改索引⋯等，請讀者自行連至 sqlite 官網查詢（https://www.sqlite.org）。

步驟與說明

1. 匯入 sqlite3 函數庫。

```
import sqlite3
```

2. 與資料庫連線，若該資料庫不存在會自動產生。

```
conn = sqlite3.connect("demo.sqlite")
```

③ 建立 cursor，並透過 cursor 產生名稱為 userinfo 的資料表，該資料表包含兩個欄位 uid 與 cname。Uid 用來儲存帳號，cname 儲存姓名。

```
c = conn.cursor()
c.execute('''
    CREATE TABLE userinfo (
            uid TEXT PRIMARY KEY,
            cname TEXT
    )
''')
```

④ 資料庫只要有異動，記得異動完成後要 commit，否則異動不會回寫進資料庫。最後如果不再需要連線，就關閉資料庫釋放資源。

```
conn.commit()
conn.close()
```

⑤ 執行看看。

1-8-2 資料異動

資料庫的資料異動包含了新增資料、修改資料與刪除資料，這裡以新增資料為範例，至於修改與刪除只是換不同的 SQL command 而已，對 Python 程式碼而言沒有什麼不同。

步驟與說明

① 匯入 sqlite3 並與資料庫連線。

```
import sqlite3

conn = sqlite3.connect("demo.sqlite")
c = conn.cursor()
```

2 新增三筆資料到 userinfo 資料表。

```
data = ('A01', '王大明')
c.execute('insert into userinfo values (?, ?)', data)

data = ('A02', '李大媽')
c.execute('insert into userinfo values (?, ?)', data)

data = ('A03', '王小毛')
c.execute('insert into userinfo values (?, ?)', data)
```

3 確認修改與結束連線。

```
conn.commit()
conn.close()
```

4 執行看看。

1-8-3 資料查詢

這裡以 userinfo 中姓氏為「王」的資料為範例，將這些資料查詢出來。

步驟與說明

1 匯入 sqlite3 並與資料庫連線。

```
import sqlite3

conn = sqlite3.connect("demo.sqlite")
c = conn.cursor()
```

2 查詢「王」姓開頭的資料。注意 data 變數中最後的逗點不可省略，因為這裡 data 的資料結構必須為 tuple，若沒有加這個逗點會變成 str。

```
data = ('王%',)
rs = c.execute('select * from userinfo where cname like ?'
, data)
for row in rs:
    print('uid:{}, cname:{}'.format(row[0], row[1]))
```

③ 關閉資料庫連線，因為只是查詢，所以不用 commit。

```
conn.close()
```

④ 執行看看。

```
uid:A01, cname: 王大明
uid:A03, cname: 王小毛
```

1-9 網際網路

這一章要討論的主題是透過 WebAPI 來跟 web server 交換資料，並且透過 JSON 解析或是正規表示法來處理從 web server 抓下來的資料。本書使用的函數庫在 Python 3 為 urllib.request 的函數庫，若是使用 Python 2 則是 urllib2，並透過匯入函數後的別名讓 Python 2 與 Python 3 的程式碼盡量維持一致。

例如在 Python 3 為

```
import urllib.request as urllib
```

Python 2 為

```
import urllib2 as urllib
```

1-9-1 GET

以 get 的方式呼叫 WebAPI 是非常常見的一種把資料傳給 web server 的方式，例如在 Google 搜尋後瀏覽器上所顯示的網址。Get 常見但有一些重要特性必須知道：

1. 網址無法加密傳輸

2. 網址會被瀏覽器加入書籤、存入歷史清單或被快取

3. 網址的長度有限制

由以上幾點可知，機敏性資料是不可以使用 get 方式呼叫的。在沒有資安疑慮的情況下，get 的程式寫起來比較簡單。

步驟與說明

① 程式碼如下。

```
import urllib.request as urllib

response = urllib.urlopen(' 網址 ')
text = response.read().decode('utf-8')
print(text)
```

② 將「網址」換成真的網址執行看看。

1-9-2 POST

若 WebAPI 被設計成呼叫時需要使用 post 方式來傳遞資料，這時候所傳遞的資料就不是放在網址的後端，而是放在 http 封包中的資料內容部分，這部分是可以加密的，因此機敏性資料使用 post 方式傳遞就相對安全許多。

步驟與說明

① 使用 post 時，必須先將網址與參數（資料）封裝成 Request 物件。

```
import urllib.request as urllib

request = urllib.Request(' 網址 ', ' 參數 ')
response = urllib.urlopen(request)
text = response.read().decode("utf-8")
print(text)
```

補/充/說/明

> 例如網址中的「http://hostname/index.html?x＝10&y＝20」中的「x＝10
> &y＝20」就是參數。若不需要參數時，Request() 中就只要放網址
> 即可。

② 執行看看。

1-9-3 PUT 等方式

除了 GET 與 POST 外，有些 WebAPI 還要求使用 PUT 或 DELETE 等其他形式呼叫。

步驟與說明

1 在 urlopen() 之前先設定呼叫形式，以 PUT 為例。

```
import urllib.request as urllib

request = urllib.Request('網址', '參數')
request.get_method = lambda: 'PUT'
response = urllib.urlopen(request)
text = response.read().decode('utf-8')
print(text)
```

補/充/說/明

> GET 與 POST 也都可以用這樣的方式呼叫，只要將 lambda 後的字串換成 GET 或 POST 就可以了。

2 執行看看。

1-9-4 JSON 解析

如果 Web API 呼叫完之後會得到一個 JSON 格式的字串時，一般而言，接下來就是進行 JSON 解析以取得我們需要的資料。以政府資料開放平臺（網址為：https://opendata.epa.gov.tw）的空氣品質污染指標為例，我們把資料抓下來後取得每個地區的 AQI 指數，並且顯示到螢幕上。

步驟與說明

① 匯入相關的 lib。

```
import urllib.request as urllib
import json
```

② 呼叫 Web API。

```
response = urllib.urlopen('https://opendata.epa.gov.tw/ws/
Data/AQI/?$format=json')
```

③ 由於回來的 JSON 資料為陣列，因此解析完後使用 for 迴圈去跑陣列的每一筆資料。

```
for data in json.load(response):
    print('{County}{SiteName}: {AQI}'.format(**data))
```

補／充／說／明

若要解析的是 JSON 格式的字串，使用的函數為 loads()，注意多了一個「s」，例如，先把 response 中的資料轉成字串後再來解析：

```
html = response.read().decode('utf-8')
for data in json.loads(html):
    print('{County}{SiteName}: {AQI}'.format(**data))
```

④ 執行看看。

新北市新店 : 57
新北市萬里 : 68
新北市汐止 : 39
基隆市基隆 : 41

補/充/說/明

如果遇到憑證方面的錯誤 [SSL: CERTIFICATE_VERIFY_FAILED]，有兩
種處理方式：一種是將網址由 https 改為 http（不是每個網站都可以這
樣做）；另一種是關掉憑證檢查。

```
import ssl
response = urllib.urlopen(' 網址 ', context= ssl._create_
unverified_context())
```

1-9-5 正規表示法

正規表示法式（Regular Expression）是一種以符號來表示特定模式的文
字，常用於字串比對、搜尋、規範形式…等，也就是正規表示法專門用
來處理各種字串上面會遇到的問題。功能強大，但用的符號也非常多與
複雜，剛接觸的人需要點時間才能上手，因此這裡只帶給讀者一些常用
的符號，其餘的符號就請讀者自行上網查詢了。

步驟與說明

▶ 範例一：貪心符合

- 目的：以下述程式碼中的 str 變數為例，要找出從左箭頭「<」開始
  一直到右箭頭「>」結束的中間所有字串。

- 說明：正規表示法「.」代表所有文字但不包含換行符號，「*」代
  表多個文字也可以沒有。貪心符合的意思是要在字串 str 中找到最

後一個右箭頭，也就是從第一個左箭頭開始，右箭頭能吃到多遠就到多遠。找到的結果會放在 match.group() 中。

```python
import re

str = '<div id="a01" style="color: red">hello</div>'

match = re.search('<.*>', str)
print (match.group())
```

- 執行結果：

```
<div id="a01" style="color: red">hello</div>
```

▶ 範例二：知足符合

- 目的：要找出從左箭頭「<」開始一直到第一個右箭頭「>」結束的中間所有字串。

- 說明：正規表示法「*?」代表只要遇到「?」後面的字就停止。也就是從第一個左箭頭開始，碰到右箭頭就結束。

```python
import re

str = '<div id="a01" style="color: red">hello</div>'

match = re.search('<.*?>', str)
print (match.group())
```

- 執行結果：

```
<div id="a01" style="color: red">
```

▶ 範例三

- 目的：要找出 color="red" 這個字串。

- 說明：運用小括號框出有興趣的範圍，每一組小括號會形成一個 group。

```
import re

str = '<div id="a01" style="color: red">hello</div>'

match = re.search('(co.*)"', str)
print (match.group())
print (match.group(1))
```

- 執行結果：

```
color: red"
color: red
```

▶ 範例四

- 目的：要找出「>」與「<」中間的文字。

```
import re

str = '<div id="a01" style="color: red">hello</div>'

match = re.search('>(.*)<', str)
print (match.group())
print (match.group(1))
```

- 執行結果：

```
>hello<
hello
```

▶ 範例五

- 目的：要找出 id 值。

```
import re

str = '<div id="a01" style="color: red">hello</div>'

match = re.search('id="(.*?)"', str)
print (match.group())
print (match.group(1))
```

- 執行結果：

```
id="a01"
a01
```

▶ 範例六

- 目的：要找出所有 <div> 中的內容。

- 說明：使用 findall() 一次找出所有符合匹對的字串，結果以陣列形式傳回。

```
import re

str = '''
<body>
  <p>
    <div>hello</div>
    <div>hi</div>
  </p>
</body>
'''

result = re.findall('<div>.*?</div>', str)
print(result)
```

- 執行結果：

```
['<div>hello</div>', '<div>hi</div>']
```

▶ 範例七

- 目的：要找出所有 <div> 中的內容。

- 說明：使用小括號框出有興趣的部分。

```python
import re

str = '''
<body>
  <p>
    <div>hello</div>
    <div>hi</div>
  </p>
</body>
'''

result = re.findall('<div>(.*?)</div>', str)
print(result)
```

- 執行結果：

```
['hello', 'hi']
```

1-10 Socket 程式

1-10-1 支援 1 個 Client 的 Server

Socket 是一種寫網路通訊程式的高階介面，透過這個介面寫網路程式是非常容易的。Socket 程式分為 client 與 server 兩部分，server 端程式先執行後等待 client 端連線，待 client 端連線建立後兩邊就可以開始進行雙向資料傳輸。

步驟與說明

1 匯入 socket 函數庫。

```
import socket
```

2 函數 bind() 設定 Server 上的哪個 IP 與 port 可接受連線，空字串代表所有 IP，並且開始監聽。數字 5 代表佇列中等待連線的 Client 端數量最多可以 5 個，設定這個數字即可。

```
port = 5000
sck = socket.socket()
sck.bind(('', port))
sck.listen(5)
```

3 呼叫函數 accept() 後程式會等 Client 端連線，若連線成功會將該連線的 handle 存入 conn 變數中，而變數 addr 則紀錄 Client 端的 IP 與 port。

```
conn, addr = sck.accept()
print('Client 端資料：{}'.format(addr))
```

④ Server 端做的事情就是收到 Client 端的資料後原封不動傳回去。

```
try:
    while True:
        data = conn.recv(1024)
        conn.sendall(data)
except Exception as e:
    print(e)
```

⑤ 最後將關閉連線。

```
conn.close()
```

⑥ 執行看看。

1-10-2 支援多個 Client 的 Server

步驟與說明

① 匯入相關 lib。

```
import socket
import threading
```

② 定義一個可以對應與處理每個 Client 端連線的 class，該 class 必須支援多執行緒。

```
class Client(threading.Thread):
    def __init__(self, conn, addr):
        threading.Thread.__init__(self, daemon=True)
        self.__conn = conn
        self.__addr = addr
        print('有人連線，來自於 {}'.format(addr))

    def run(self):
        try:
            while True:
```

```
                data = self.__conn.recv(1024)
                self.__conn.sendall(data)
        except Exception as e:
            print(e)
        self.__conn.close()
```

3 設定監聽的 IP 與 port。

```
port = 5000
sck = socket.socket()
sck.bind(('', port))
sck.listen(5)
```

4 使用無窮迴圈等待 client 端連線，只要有人連線連上，就產生 Client 實體並且啟動多執行緒。

```
try:
    while True:
        conn, addr = sck.accept()
        Client(conn, addr).start()
except Exception as e:
    print(e)
```

5 最後結束連線。

```
sck.close()
```

6 執行看看。

1-10-3 Client 端程式

步驟與說明

① 匯入 socket 函數庫。

```
import socket
```

② 與 server 端連線。變數 host 為 server 所在的 IP，port 為 server 監聽的 port。

```
host = 'localhost'
port = 5000
cln = socket.socket()
cln.connect((host, port))
print(' 連線成功 ')
```

③ 從標準輸入輸入資料，傳給 server 後等 server 回傳訊息。

```
try:
    while True:
        text = input('> ')
        cln.sendall(text.encode('utf-8'))
        rev = cln.recv(1024).decode('utf-8')
        print(rev)
except Exception as e:
    print(e)
```

④ 最後關閉 socket 連線。

```
cln.close()
```

⑤ 執行看看。

1-11 Tkinter 視窗程式

T kinter 是一套 Python 內建且專門用來寫視窗程式的函數庫，使用上非常簡單也很容易上手，但缺點就是畫面不是特別精緻。如果需要更漂亮的畫面，可以考慮 Qt，或甚至寫成網頁，如果只是要一個簡單的介面可以操作物聯網相關硬體元件，Tkinter 會是一個很好的入門工具。

1-11-1 建立視窗

使用 tkinter 的第一步就是要先建立視窗，這樣之後的視覺化元件才有地方可以放。

步驟與說明

1 匯入函數庫並產生視窗。

```python
import tkinter as tk
root = tk.Tk()
```

補/充/說/明

若要設定視窗大小，可以在產生視窗後使用 geometry() 函數調整大小。

```python
root.geometry('100x50')
```

2 最後呼叫 mainloop() 函數開始進行事件分派等跟視窗有關的處理程序。

```python
root.mainloop()
```

3 執行看看。

1-11-2 元件 – Label

Label，標籤元件，目的是用來顯示字串。

步驟與說明

1 匯入函數庫，並建立視窗。

```
import tkinter as tk
root = tk.Tk()
```

2 將標籤元件放到視窗上，並且設定文字與背景顏色。

```
tk.Label(root, text=' 嗨你好 ').pack()
tk.Label(root, text=' 嗨你好 ', fg='brown', bg='lightyellow').
pack()
```

3 呼叫 mainloop()。

```
root.mainloop()
```

4 執行看看。

1-11-3 元件 – Button

Button，按鈕元件，目的是讓使用者可以點選後做一些事情。

步驟與說明

1 匯入函數庫，並建立視窗。

```
import tkinter as tk
root = tk.Tk()
```

② 在視窗上放一個按鈕與一個標籤。

```
tk.Button(root, text=' 按我吧 ').pack()
tk.Label(root).pack()
```

③ 增加標籤元件的參數 textvariable，並將此參數與變數 text 綁定，然後初始化 text 變數。

```
text = tk.StringVar()
tk.Label(root, textvariable=text).pack()
```

補/充/說/明

變數 text 的型態為 tk 的 StringVar()，代表的意思是只要 text 內容有變動，與他綁定的元件內容也會跟著變動。

④ 增加按鈕元件按下去後要做的動作。

```
tk.Button(root, text=' 按我吧 ', command=lambda:
    text.set('hello world')
).pack()
```

補/充/說/明

如果按鈕按下去後只有一行程式碼，且該程式碼並不是將某個值用「＝」方式指定給某個變數，可以使用 lambda 來建立無名稱的函數。

⑤ 呼叫 mainloop()。

```
root.mainloop()
```

⑥ 執行看看。

1-11-4 元件 - **Button & Label**

除了使用上一單元的方式處理使用者按下按鈕後去改變標籤元件的內容外，我們還可以在按鈕按下去後呼叫 callback 函數來完成複雜的動作。在這個單元中，我們使用 config() 函數來改變元件的屬性值。

步驟與說明

1 匯入函數庫，並建立視窗。

```
import tkinter as tk
root = tk.Tk()
```

2 設定按鈕按奇數次的時候標籤背景為藍色，偶數次的時候為綠色。

```
n = 0
def onClick():
    global n
    n += 1
    label.config(bg='lightgreen' if n % 2 == 0 else 'lightblue')
    label.config(text=' 按了 {} 下 '.format(n))

tk.Button(root, text=' 按我吧 ', command=onClick).pack()
label = tk.Label(root)
label.pack()
```

補/充/說/明

使用 config() 函數來改變元件的參數值，必須先將元件放到變數中，例如 label，然後再呼叫 label.config() 來改變參數值。

3 呼叫 mainloop()。

```
root.mainloop()
```

4 執行看看。

按了 11 下

1-11-5 元件 – Entry 與 MessageBox

Entry，單行輸入元件，目的是讓使用者可以輸入資料。MessageBox，訊息框，目的則是用來顯示訊息。

步驟與說明

1 匯入函數庫與建立視窗。

```
import tkinter as tk
from tkinter import messagebox
root = tk.Tk()
```

2 當使用者在 entry 中輸入文字並且按下按鈕後跳出訊息框。

```
text = tk.StringVar()

def onClick():
    messagebox.showinfo(' 使用者輸入 ', text.get())

tk.Entry(root, textvariable=text, bg='lightyellow').pack()
tk.Button(root, text=' 按我吧 ', command=onClick).pack()
```

3 呼叫 mainloop()。

```
root.mainloop()
```

4 執行看看。

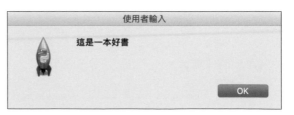

1-11-6 元件 – Scale

Scale，刻度指示元件，用來讓使用者設定刻度值。

步驟與說明

1 匯入函數庫，並建立視窗。

```
import tkinter as tk
root = tk.Tk()
```

2 設定元件的刻度範圍為 0~200，水平方向顯示，並且將目前值顯示
在刻度上方以及終端機上。

```
tk.Scale(root,
    from_=0,
    to=200,
    showvalue=True,
    orient=tk.HORIZONTAL,
    troughcolor='lightgreen',
    command=lambda value:
        print('目前值 {}'.format(value))
).pack()
```

3 呼叫 mainloop()。

```
root.mainloop()
```

4 執行看看。

1-11-7 元件 – Text

Text，多行文字輸入，跟 Entry 不一樣的地方在於 Entry 為單行文字輸入而 Text 為多行文字輸入。

步驟與說明

1 匯入函數庫，並建立視窗。

```
import tkinter as tk
root = tk.Tk()
```

2 放置多行文字輸入元件，並設定畫面顯示的大小為一行 30 個字，共 6 行。

```
text = tk.Text(root, bg='lightblue', width=30, height=6)
text.pack()
```

3 放置一個按鈕元件，按下去後取得使用者在 Text 元件中輸入的文字。函數 get 有兩個參數，第一個參數是從哪個位置開始取得文字，第二個參數是取到哪個位置的字。第一個參數 1.0 代表「第一行索引值為 0」的字，也就是第一行第一個字開始取；第二個參數 end-1c 代表取到倒數第 2 個字，因為 Text 元件會在最後自動插入一個換行符號，因此如果使用參數 end 會多一個換行符號，-1c 代表再往前一個字。

```
tk.Button(root, text=' 按我吧 ', command=lambda:
    print(text.get('1.0', 'end-1c'))
).pack()
```

4 呼叫 mainloop()

```
root.mainloop()
```

⑤ 執行看看。

1-11-8 排版 – Pack（基本）

以 pack 方式來排版就是將各個視覺化元件依水平方向或是垂直方向依序放到視窗或是「容器元件」上。

步驟與說明

① 匯入函數庫，並建立視窗。

```
import tkinter as tk
root = tk.Tk()
```

② 在視窗上分別放入三個 Label 元件，並且設定三個元件的寬度會跟視窗寬度一樣寬，然後由上而下依序排列。

```
tk.Label(root, text='hi', bg='yellow').pack(fill=tk.BOTH,
side=tk.TOP)
tk.Label(root, text='hello world', bg='green').pack(fill=
tk.BOTH, side=tk.TOP)
tk.Label(root, text='hello', bg='lightblue').pack(fill=
tk.BOTH, side=tk.TOP)
```

補/充/說/明

參數 fill=tk.BOTH 的意思是元件的寬度與高度均拉到跟視窗大小一致。

③ 呼叫 mainloop()。

```
root.mainloop()
```

④ 執行看看。

補/充/說/明

若將參數 side＝tk.TOP 改為 tk.LEFT，三個元件就會以水平方式排列。

補/充/說/明

若設定視窗大小為 300x300，並且將三個元件的 side 參數為：tk.TOP、
tk.LEFT 與 tk.BOTTOM，結果如下圖。

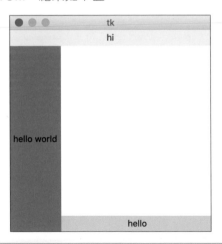

1-11-9 排版 – Pack（使用容器）

視覺化元件除了可以直接放到視窗上，也可以放到容器元件上。這個單元應用容器元件來排一個「田」字。

步驟與說明

1 匯入函數庫，並建立視窗。

```
import tkinter as tk
root = tk.Tk()
```

2 建立兩個 frame 元件，一個靠視窗上緣，另外一個貼在視窗下緣。

```
fm1 = tk.Frame(root)
fm1.pack(fill=tk.BOTH, side=tk.TOP)
fm2 = tk.Frame(root)
fm2.pack(fill=tk.BOTH, side=tk.BOTTOM)
```

3 分別在 fm1 放上兩個按鈕，fm2 上放上一個按鈕。

```
tk.Label(fm1, text='top-left', bg='yellow').pack(side=tk.
LEFT)
tk.Label(fm1, text='top-right', bg='green').pack(side=tk.
RIGHT)
tk.Label(fm2, text='bottom-right', bg='lightblue').pack
(side=tk.RIGHT)
```

4 呼叫 mainloop()。

```
root.mainloop()
```

5 執行看看。

1-11-10 排版 – Grid

步驟與說明

1 匯入函數庫，並建立視窗。

```python
import tkinter as tk
root = tk.Tk()
```

2 將 4 個 Label 元件分別放入相當於 4 x 4 大小的表格中。

```python
tk.Label(root, text='(0,0)', bg='green').grid(
    row=0, column=0
)
tk.Label(root, text='(2,1)', bg='yellow').grid(
    row=2, column=1
)
tk.Label(root, text='(3,2)', bg='lightblue').grid(
    row=3, column=2
)
tk.Label(root, text='(1,3)', bg='red').grid(
    row=1, column=3
)
```

3 呼叫 mainloop()。

```python
root.mainloop()
```

4 執行看看。虛線是為方便讀者理解而後製上去的。

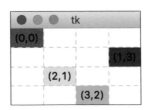

1-11-11 排版 – Place

若要讓視覺化元件「任意」的放在視窗上，就要使用 place 方式來排版。在 place 的排版函數中透過 x、y 座標來指定元件的左上角在視窗上的位置，甚至兩個元件重疊都可以實現。

步驟與說明

1 匯入函數庫，建立視窗並設定大小。

```
import tkinter as tk
root = tk.Tk()
root.geometry('150x150')
```

2 將三個 Label 元件指定在特定的座標上。

```
tk.Label(root, text='hello', bg='green').place(x=10, y=10)
tk.Label(root, text='hello', bg='yellow').place(x=35, y=25)
tk.Label(root, text='hello', bg='lightblue').
place(x=80, y=100)
```

3 呼叫 mainloop()。

```
root.mainloop()
```

4 執行看看。

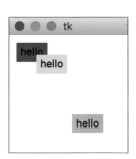

樹莓派 2

2-1 安裝

樹莓派作業系統為 Linux，因此想自行學習的讀者需有 UNIX 基本操作能力會比較容易上手。在開機使用前，我們必須先安裝作業系統才能使用。要跑 OpenCV 的話建議準備至少 16G 的 SD 卡，要注意的是樹莓派並不是所有的記憶卡都支援，買有廠牌的會比較好，或先來這網站查一下 https://elinux.org/RPi_SD_cards。安裝方式詳述如下。

步驟與說明

① 到樹莓派官網（https://www.raspberrypi.org），點選上方的 Software 後先安裝 Raspberry Pi Imager，這是用來燒錄樹莓派作業系統的燒錄軟體。

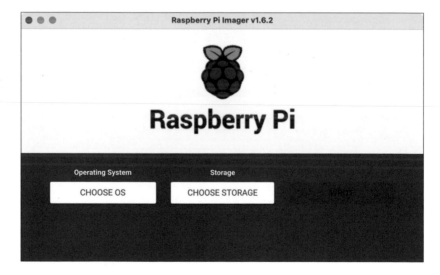

② 執行 Raspberry Pi Imager。可以選擇線上下載作業系統並燒錄，或是先手動下載後燒錄。這裡方便起見，可以選第一個選項，然後選擇要燒錄的 SD Card 後就可以按下「WRITE」按鈕開始下載作業系統了。

補/充/說/明

目前樹莓派官方提供的作業系統是 32 位元版本,包含了桌面含推薦軟體版、桌面版與輕量級版,輕量級版不包含 X Window。如果需要手動下載後再燒錄的話,可以在 Software 頁面中找到下載網址。

③ 燒錄完之後移除 SD 卡再插回電腦,此時應該可以看到 boot 分割區,在 boot 分割區的根目錄下建立檔名為 ssh 而內容是空的檔案。找個文字編輯器存檔存成 ssh 即可,不需要內容也不需要副檔名。如果樹莓派有接自己的螢幕、鍵盤與滑鼠,這步驟可以省略並跳到第 5 步。

④ 若希望樹莓派開機就連上無線網路,請在 boot 分割區的根目錄下建立檔名為 wpa_supplicant.conf 的檔案,內容如下,注意大小寫。如果樹莓派有接自己的螢幕、鍵盤與滑鼠,或是使用有線網路上網,這步驟可以省略。

```
ctrl_interface=DIR=/var/run/wpa_supplicant GROUP=netdev
update_config=1
country=TW

network={
    ssid="SSID"
    psk=" 密碼 "
}
```

5 從電腦上退出 SD 卡並插到樹莓派上，接電，開機。注意燈號，紅色電源燈恆亮，除非電力不足，綠色 I/O 燈應該會閃爍（樹莓派型號 Zero 的 I/O 燈與電源燈合而為一）。

6 遠端連線方式，MS-Windows 的讀者建議安裝 MobaXterm（https://mobaxterm.mobatek.net），macOS 讀者要先安裝 XQrartz 後重開機（https://www.xquartz.org）。如果樹莓派有接自己的螢幕、鍵盤與滑鼠，這步驟可以省略，並跳到第 10 步。

7 若開機後樹莓派已經順利連到網路上，請 MS-Windows 的讀者使用 MobaXterm，開啟後建立 session，host 位置輸入 raspberrypi 或是 raspberrypi.local（這裡看哪一個名稱可以連上樹莓派就用哪一個），帳號位置輸入 pi。

macOS 的讀者在終端機下執行以下指令連進去樹莓派。參數 -Y 的目的是如果執行樹莓派上的 X Window 程式會將視窗畫面送回目前操作的 Mac 電腦。

```
% ssh -Y pi@raspberrypi.local
```

8 登入樹莓派，預設帳號為 pi，密碼為 raspberry。

9 登入後輸入以下指令，看看電腦上是否出現一張漂亮的風景圖片。

```
$ gpicview /usr/share/rpd-wallpaper/balloon.jpg
```

⑩　環境設定。執行 sudo raspi-config 進入主設定畫面，並且使用 Tab
鍵與上下鍵在各項目間切換。

```
$ sudo raspi-config
```

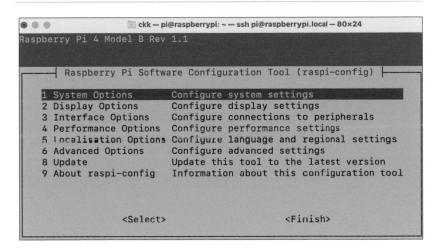

由於畫面內容會因為樹莓派作業系統版本不同而可能有所不同，
上圖的畫面來自於 December 2nd 2020 的版本，若之後發布的版本
項目位置跟上圖不同時，請讀者自行尋找一下。我們要設定的項
目為如下：

●　修改 Password（此為登入帳號 pi 的密碼）
　　▶　選 1 後選 S3

- 修改 Hostname（此為樹莓派的名字）
  - ▶ 選 1 後選 S4
- 設定 Wireless Lan（這裡可以重複輸入多組無線網路）
  - ▶ 選 1 後選 S1
- 修改 Timezone（樹莓派預設是格林威治時區，需改為台北時區）
  - ▶ 選 5 後選 L2
- 修改 Keyboard（樹莓派預設鍵盤是歐洲鍵盤，讓他自動偵測一下）
  - ▶ 選 5 後選 L3
- 在 Interface Options 將 1 到 7 選項全部打開（Camera 是設定軟排線攝影機，USB 攝影機與此選項無關，但建議都打開）
  - ▶ 選 3 後選 P1 到 P7

⑪ 設定完後重新開機。連線時將原本的 raspberrypi.local 中的 raspberrypi 改為上一步新設定的 hostname。

⑫ 更新樹莓派軟體，之後只要安裝其他軟體有問題的話，都先下這兩個指令。

```
$ sudo apt-get update
$ sudo apt-get dist-upgrade
```

⑬ 重開機指令。

```
$ sudo reboot
```

⑭ 關機指令。樹莓派除非沒辦法操控，不然不可以直接拔電源關機，請務必要下關機指令後等大約 10 秒鐘，綠色 I/O 指示燈不再閃爍時才可以拔電源。

```
$ sudo poweroff
```

2-2 常用指令

UNIX 系統操作大部分都需要下指令。使用 macOS 的讀者，您知道 macOS 核心也是 UNIX 系統嗎？所以在 macOS 上開啟終端機，下的指令大部分都跟樹莓派下的指令一樣，除此之外，還有很多 UNIX 內建的軟體也都一樣。UNIX 是一個開放系統，因此善用網路搜尋，大量的 UNIX 資源都分散在網路上，下對關鍵字幾乎都找的到答案。想要熟悉或成為 UNIX 高手，買幾本重要的 UNIX 書放手邊是必須的，國內有很多 UNIX（或 Linux）書的作者，寫的書非常重量級，強烈建議至少買一本放手邊。善用 man 與 help。很多 UNIX 指令都有內建的說明文件，多使用 man 指令與 help 參數，往往可以找到答案。如果過去您的電腦操作習慣非常仰賴滑鼠，也許現在可以多跟鍵盤培養感情了。

例如：

```
$ man ls
$ ls --help
```

以下指令為非常常用的指令，很多指令還伴隨了許多的參數，建議讀者善加使用 man 指令察看說明文件，或翻閱手邊專門討論 UNIX 或 Linux 的書籍或是上網查詢資料。

▶ 改變目錄 cd

範例	說明
$ cd /etc	將現行工作目錄切換到 /etc 下
$ cd	cd 指令不接參數，回到家目錄
$ cd ~	「 」代表家目錄
$ cd ..	回到上一層目錄

▶ 建立目錄 mkdir

範例	說明
$ mkdir tmp	在現行工作目錄下建立 tmp 目錄

▶ 刪除目錄或檔案 rm

範例	說明
$ rm ledoff.py	刪除 ledoff.py
$ rm -fr tmp	將 tmp 目錄包含子目錄全部刪除

▶ 複製檔案

範例	說明
$ cp ledon.py tmp/	將 ledon.py 複製到 tmp 資料夾中

▶ 移動檔案與更改檔名 mv

範例	說明
$ mv ledoff.py /tmp	將 ledoff.py 移動到 tmp 資料夾中
$ mv test.py bn.py	將 test.py 改名字為 bn.py

▶ 顯示目前工作目錄 pwd

範例	說明
$ pwd	顯示目前的工作目錄。

▶ 清除螢幕 clear

範例	說明
$ clear	清除螢幕畫面

▶ 目錄與檔案列表 ls

範例	說明
$ ls	列出目前目錄下有哪些檔案
$ ls -l	顯示詳細資訊
$ ls -a	顯示所有檔案（包含隱藏檔）
$ ls -la /etc | more	顯示 /etc 下的所有檔案。-la 同時包含 -l 與 -a 參數功能，並將輸出資料導到 more 指令，因此若顯示的資料超過一個螢幕，more 會控制一次只顯示一頁（按 q 離開）。

▶ 顯示檔案內容 cat

範例	說明
$ cat /etc/passwd	顯示 /etc/passwd 檔案內容

▶ 修改檔案權限 chmod

範例	說明
$ chmod 755 ledon.py	將 ledon.py 權限改為： 擁有者可讀可寫可執行 群組可讀可執行 其他可讀可執行 *UNIX 基於安全性考量，執行現行工作目錄中的執行檔必須在檔名前加上「./」例如： $ ./ledon.py
$ chmod 644 ledon.py	將 ledon.py 的權限改為： 擁有者可讀可寫 群組可讀 其他可讀

▶ 修改檔案擁有者與群組 chown

範例	說明
$ chown pi.pi a.py	將 a.py 的擁有者改為 pi，群組也改為 pi。

▶ 取得管理者（root）權限 sudo

範例	說明
$ sudo vi /etc/rc.local	一般使用者（例如 pi）無權限修改 /etc 目錄下的檔案內容，若要修改必須加上 sudo 指令。

▶ 文字檢索 grep

範例	說明
$ grep out *.py	在目前工作目錄下的所有 .py 檔中尋找是否有「out」關鍵字的檔案。
$ ps -aux | grep python	察看目前系統中是否有任何 python 程式在執行

▶ 命前在執行的程式列表 ps

範例	說明
$ ps -aux	列出目前所有執行中的程式

▶ 踢掉執行中程式 kill

範例	說明
$ kill 1234	先由 ps -aux 查出執行中程式的編號（PID），再用 kill 指令刪除。
$ sudo kill 2356	如需刪除 root 執行的程式需加 sudo。
$ sudo kill -9 5234	頑劣份子加上 -9 參數。

▶ 踢掉執行中特定名稱的程式 pkill

範例	說明
$ pkill python	將所有正在執行的 python 程式全部踢掉

▶ 顯示目前系統狀態 htop

範例	說明
$ htop	列出前幾名耗用 cpu 資源的程式、記憶體使用量以及目前 cpu 各核心的負載情形。

▶ 壓縮與備份檔案 tar

範例	說明
$ tar zcvf cv.tgz opencv	將 opencv 資料夾下的所有檔案全部壓縮並合併成一個 tgz 檔。
$ tar zxvf cv.tgz	將 tgz 檔解開

▶ SD 卡使用狀況 df

範例	說明
$ df -H	看第一行即可。要隨時留意 SD 卡剩餘空間，若為 0 會造成作業系統不穩定。

▶ 常用的 vi 編輯器指令

範例	說明
ESC	進入指令模式
i	進入編輯模式（插入）
a	進入編輯模式（附加）
o	進入編輯模式（新行）
:w	存檔
:q	離開 vi
:wq	存檔後離開 vi
:q!	不存檔離開 vi

範例	說明
:w 檔名	另存新檔
h	游標往左
j	游標往下
k	游標往上
l	游標往右
$	游標移到行尾
^	游標移到行頭
:n	游標移到第 n 行，例如 :1 為第一行，:2 為第 2 行，以此類推
G	游標移到最後一行
[n]yy	yy 為複製一行，2yy 複製兩行，以此類推
[n]dd	dd 為剪下一行，2dd 剪下兩行，以此類推
p	貼上
/str	在文章中搜尋字串 str
n	字串搜尋到後按 n 搜尋下一個
.	重複上一個指令
r	取代一個字，例如 rA 可將游標所在位置的字換成「A」
[n]x	刪除一個字，2x 刪除兩個字，3x 刪除三個字，以此類推
dw	刪除到下一個空白鍵
D	從游標所在位置刪除到行尾
J	將下一行合併到游標所在行的行尾
u	undo
Ctrl + r	redo
[n]>>	縮排一行，2>> 兩行，3>> 三行，以此類推
[n]<<	退縮一行，2<< 兩行，3<< 三行，以此類推
:%s/s1/s2/g	將文章中所有的字串 s1 換成 s2

除 vi 外，樹莓派內建的另一文字編輯器為 nano，讀者也可以考慮使用。

▶ 其他軟體

1. xrdp：樹莓派安裝後，可用 MS-Windows 的遠端桌面程式連進樹莓派，macOS 請在 App Store 搜尋「Microsoft Remote Desktop」

2. samba：樹莓派安裝後，可將樹莓派的目錄透過網路芳鄰協定掛到 MS-Windows 系統中，macOS 也可以支援。

3. Filezilla：在 MS-Windows 或 macOS 中安裝 FTP 軟體，可以使用 sftp 協定下載或上傳檔案到樹莓派。

▶ 重要的系統設定檔

1. 無線網路設定檔

```
$ sudo vi /etc/wpa_supplicant/wpa_supplicant.conf
```

2. 開機要自動執行的程式放入 rc.local 檔案內

```
$ sudo vi /etc/rc.local
```

3. 鍵盤設定檔，預設為歐洲鍵盤，將 gb 改為 us 即為美式鍵盤，也就是我們在使用鍵盤。

```
$ sudo vi /etc/default/keyboard
```

4. 系統排程，設定每隔多少時間作什麼事情

```
$ sudo vi /etc/crontab
```

5. 系統記錄檔，SD 卡空間不足時，可來這邊刪除記錄檔

```
$ cd /var/log
```

2-3 GPIO 輸出

GPIO 的全名為 General Purpose Input Output（通用型輸入輸出），也就是樹梅派上靠近上緣的那 40 根接腳。除了 VCC（5V 與 3.3V）與 GND 外，其餘的腳我們可以透過程式來設定該腳是用來接受訊號還是輸出訊號。所以任何一個硬體裝置，只要看到 GPIO 並且有開放 API 出來，我們就可以自己寫程式透過 GPIO 控制其他周邊硬體。

樹梅派 3B 以上（包含 3B、3B+、3A+ 與 4B）的 GPIO 編號如下圖，黃色並且有數字的就是我們可以透過程式來決定該腳是訊號輸入腳還是輸出腳。

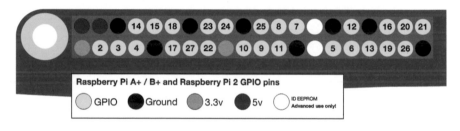

圖片經樹莓派基金會授權使用

樹梅派的 GPIO 編號系統有兩套，上圖的編號系統稱為 BCM 編號，這個編號是與樹梅派用的 CPU 的腳位編號一致，另外一種是 BOARD 編號，從第二排第一隻腳編號 1，第一排第一隻腳編號 2，直到第一排最後一隻腳編號 40。

有些 GPIO 腳有特定用途，例如要使用 UART 就必須接 GPIO14 與 GPIO15，要使用 I2C 就要接 GPIO2 與 GPIO3（此為 BCM 編號），如下圖中有凸出來並有名稱的那些腳。

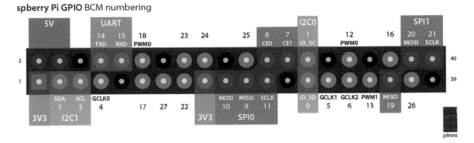

圖片經 pinout.xyz 授權使用

當我們要用程式來控制 GPIO 的時候，先決定要使用 BCM 或是 BOARD 編號，然後再根據編號就可以控制 GPIO 了。

麵包板是剛開始建立硬體雛形系統時不可或缺的工具。麵包板上面有許多洞可以讓我們很方便的隨時調整硬體佈線。下圖中的麵包板是非常常見的麵包板形式，畫上綠色線條的部分是麵包板內部已經拉好了線，例如上下兩排洞在水平方向全部是通路，只要第一個洞有電位訊號進去，水平方向每一個洞的電位訊號就是一致的，而中間部分則是垂直方向為通路，見綠線的畫法。綠線與綠線沒有接在一起的地方代表斷路，電位訊號是跨不過去的。所以務必記得，高電位訊號（5V 或 3.3V）與低電位訊號（GND）絕對不可以同時插在綠線有連接的那些洞上，這樣的接法稱為「短路」，樹莓派會燒掉。

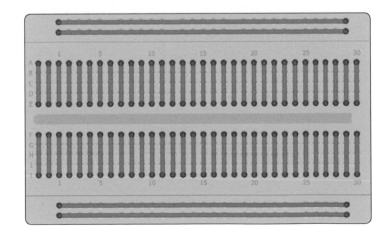

2-3-1 GPIO 輸出（LED 燈亮滅）

步驟與說明

① 將 LED 插到麵包板上，然後用兩條公母杜邦線（一頭是針，用來插麵包板，另外一頭是洞，用來插樹莓派）讓 LED 長腳接 GPIO21，短腳接 GND，整個迴路上再接一顆 220Ω 的電阻（色環為紅紅棕）來保護 LED 不會燒掉。電阻沒有正負極之分，接在 LED 長腳或短腳都可以。

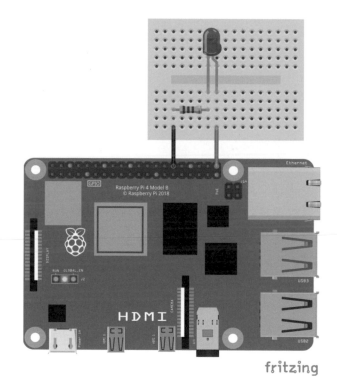

② 寫程式控制 GPIO21，讓 LED 每隔 1 秒閃爍一次。透過 setmode() 函數設定 GPIO 編號為 BCM 編號方式，再使用 setup() 函數設定 GPIO21 為訊號輸出腳，這樣就完成了 GPIO 的初始化設定。

```
import RPi.GPIO as GPIO
import time

pinLED = 21
GPIO.setmode(GPIO.BCM)
GPIO.setup(pinLED, GPIO.OUT)

try:
    while True:
        GPIO.output(pinLED, 1)   # LED On
        time.sleep(1)
        GPIO.output(pinLED, 0)   # LED Off
        time.sleep(1)
except KeyboardInterrupt:
    pass
GPIO.cleanup()
```

補/充/說/明

A. 使用 GPIO.output() 函數對 GPIO21 輸出 1 即代表高電位輸出，此時 LED 就會亮，輸出 0 就代表低電位輸出，此時 LED 就會關掉。

B. 整個 while 迴圈放在 try-except 區段中的目的是當使用者按下 Ctrl-C 中斷程式時，會被 except 攔截到，然後讓程式最後可以執行到 GPIO.cleanup() 這一行程式碼，這樣下一次再執行此程式時不會出現警告訊息說 GPIO21 目前使用中。事實上，當我們確定沒其他程式正在使用這個接腳時，這個警告訊息可以忽略不用理會。

③ 執行看看。結束程式按 Ctrl-C。

◇ 透過 GUI 操作

通常我們不會讓使用者透過指令方式操作感測元件，這樣的介面是不夠友善的，因此我們需要提供一個好用的操作界面讓使用者可以操作。以現今而言，使用者的操作界面不外乎是網頁、App 或是桌面應用程式。網頁操作需要透過 CGI 程式，這部分後續單元會介紹。這裡我們將

LED 亮滅的介面透過 Tkinter 函數庫，寫成一個簡單的桌面應用程式讓
使用者操作，程式碼如下。

```
import tkinter as tk
import RPi.GPIO as GPIO

pinLED = 21
GPIO.setmode(GPIO.BCM)
GPIO.setup(pinLED, GPIO.OUT)
root = tk.Tk()

def ledOn():
    label.config(text=' 燈亮 ')
    GPIO.output(pinLED, 1)

def ledOff():
    label.config(text=' 燈滅 ')
    GPIO.output(pinLED, 0)


tk.Button(root, bg='yellow', text='ON', command=ledOn).pack()
tk.Button(root, bg='orange', text='OFF', command=ledOff).pack()
label = tk.Label(root, text=' 燈滅 ')
label.pack()

root.mainloop()
GPIO.cleanup()
```

執行看看。因為執行後會產生視窗介面，因此，若是在
Mac 上使用 ssh 方式連進樹莓派的話，記得 Mac 電腦要先
安裝 XQuartz（裝完重開機），然後 ssh 要加上 -Y 參數。使
用 Windows 作業系統的讀者必須使用 MobaXterm 才會在
執行後出現 Tkinter 視窗。若是直接在樹莓派的 X Window
上執行就不需要煩惱那麼多，執行後就會出現視窗介面了。

2-4 GPIO 輸入

上一節我們談了 GPIO 輸出，是讓 GPIO 接腳可以輸出高電位或是低電位訊號。這一節我們要來討論讓 GPIO 接腳可以偵測外界輸入的是高電位還是低電位訊號，也就是把 GPIO 設定為輸入腳。

要注意的地方是，GPIO 當輸入腳使用時，輸入的電壓不可超過 3.3V。這一節將使用按鈕來做範例，因此請勿將按鈕接在樹莓派的 5V 接腳上。

2-4-1 GPIO 輸入（按鈕）

步驟與說明

1 將一個微動開關（按鈕）插到麵包板上。先觀察按鈕後方的四隻腳，有兩隻腳的間距比較長有兩隻比較短，按鈕按下去後是控制間距比較「短」的那兩隻腳是通路還是斷路。讓間距較長的兩隻腳跨過麵包板中間分隔線後，上面兩隻腳與下面兩隻腳各形成一個獨立迴路，所以一個微動開關可以同時控制兩個迴路。

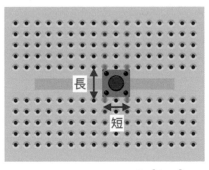

2 浮接。以下這樣的接法稱為「浮接」，當按鈕按下去的時候，GPIO4 收到的電位訊號為 3.3V 高電位訊號，但是當按鈕沒有按的

時候，GPIO4 收到的訊號是「不確定」的，因為暨不是 3.3V 高電位訊號也不是 GND 低電位訊號。沒有電不代表低電位訊號。換句話說，此時 GPIO4 收到的訊號是跳動不穩定的，有時是高電位有時是低電位。

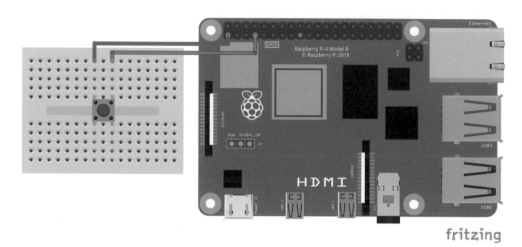

fritzing

3 正確接法應該要加一顆高阻抗電阻（建議 10KΩ 以上，色環為棕黑橙）在 GPIO4（藍線）與 GND（黑線）之間。當按鈕沒有按的時候，GPIO4 與 GND 間形成通路，此時 GPIO4 收到的電位訊號很確定是 GND 低電位訊號。當按鈕按下去後，3.3V（橘線）與 GPIO4（藍線）會導通形成迴路，同時 GPIO4 與 GND 也會形成迴路。但電流從 3.3V 經過按鈕到 10KΩ 左側的位置時，電流可以往藍線方向流以及通過電阻往黑線方向流，但因為這顆電阻是高阻抗電阻，因此電流，至少是絕大多數的電流不會往電阻方向移動，而會選擇往沒有電阻的藍線方向流動，因此，此時 GPIO4 收到的電位訊號就是高電位訊號。在預設情況下，也就是按鈕沒有按下去的時候，GPIO4 收到的訊號是低電位訊號，按鈕按下去後，GPIO4 收到的電位訊號是高電位訊號。於是，這顆電阻有個特別名稱叫做「下拉電阻」（pull-down resister），意思是在預設狀態時把電位訊號往下拉到低電位。

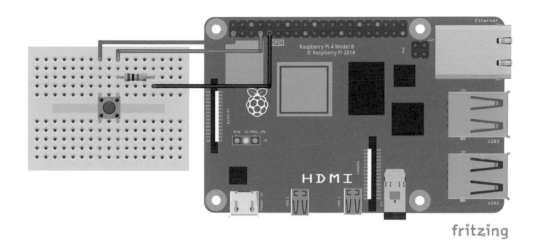

下圖為按鈕沒有按的時候，GPIO4 收到 GND 訊號。

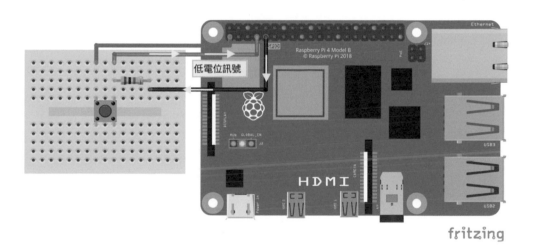

下圖為按鈕按下去後，GPIO4 收到 3.3V 高電位訊號。

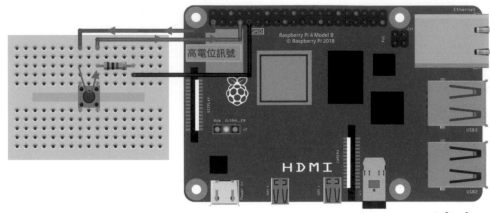

高電位訊號

fritzing

補/充/說/明

此顆電阻值不可過低，否則按鈕按下去後 3.3V 高電位訊號會直接灌進
GND，這時就是短路，樹莓派極有可能立刻燒毀。

④ 程式碼如下。迴圈中的 sleep() 函數目的是讓迴圈不要佔用所有
的 CPU 時間，每執行一次睡 0.01 秒，也就是把 CPU 資源暫時釋
放出去，讓其他程式有機會得到 CPU 資源。若用 htop 指令觀察
CPU 負載狀況，有沒有睡這 0.01 秒會讓 CPU 負載有明顯差異，
而這 0.01 秒不會讓按鈕反應變慢。因此在多工環境的系統中撰寫
程式，請盡量讓迴圈（尤其是無窮迴圈）有機會將 CPU 資源暫時
釋放出去，對整個系統正常運作是有幫助的。

```
import RPi.GPIO as GPIO
import time

pinBN = 4
GPIO.setmode(GPIO.BCM)
GPIO.setup(pinBN, GPIO.IN)

try:
    n = 1
    while True:
```

```
        if GPIO.input(pinBN):
            print ("{}: 按鈕按下 ".format(n))
            n += 1
        time.sleep(0.01)
except KeyboardInterrupt:
    pass
GPIO.cleanup()
```

5 執行看看。

2-4-2 上拉電阻

1 除了「下拉電阻」外，還有一種「上拉電阻」的線路接法。故名
思義，預設情況（按鈕未按下）將電位訊號往上拉到高電位，按
鈕按下去後收到的電位訊號是低電位訊號。

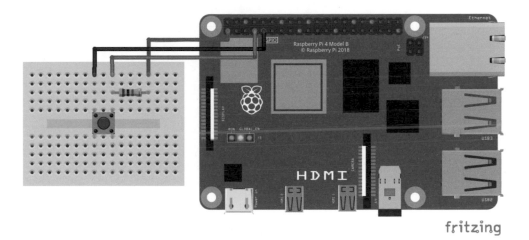

下圖為按鈕未按下時，GPIO4 收到高電位訊號。

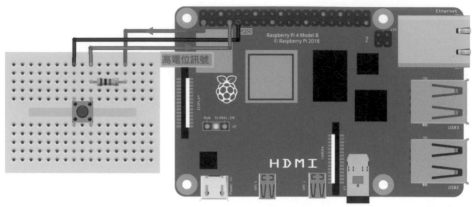

下圖為按鈕按下後，GPIO4 收到低電位訊號。

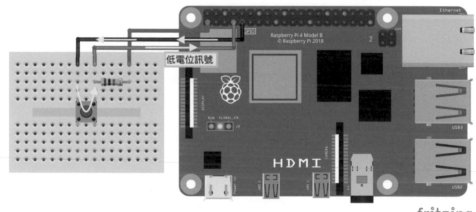

2 由於上拉電阻的電位訊號與下拉電阻是相反的，因此程式碼只要在按鈕按下去後的條件判斷中加上 not 即可，其他程式碼不變。

```
while True:
    if not GPIO.input(pinBN):
        print ("{}: 按鈕按下 ".format(n))
        n += 1
    time.sleep(0.01)
```

3 執行看看。

2-4-3 啟動內建上下拉電阻

樹莓派所使用的 CPU 有內建上下拉電阻，
當我們使用內建的上下拉電阻時，在麵包
板上的按鈕就可以不用外接一顆電阻了，
並且也可以少接一條線。但樹莓派所使用
的 CPU 並不是每一隻 GPIO 接腳都同時具
有上拉與下拉電阻，哪隻腳是上拉電阻哪
隻腳是下拉電阻，請參考右圖。

	3.3v	5v	
PULL_UP	2	5v	
PULL_UP	3		
PULL_UP	4	14	PULL_DOWN
		15	PULL_DOWN
PULL_DOWN	17	18	PULL_DOWN
PULL_DOWN	27		
PULL_DOWN	22	23	PULL_DOWN
	3.3v	24	PULL_DOWN
PULL_DOWN	10		
PULL_DOWN	9	25	PULL_DOWN
PULL_DOWN	11	8	PULL_UP
		7	PULL_UP
PULL_UP			PULL_UP
PULL_UP	5		
PULL_UP	6	12	PULL_DOWN
PULL_DOWN	13		
PULL_DOWN	19	16	PULL_DOWN
PULL_DOWN	26	20	PULL_DOWN
		21	PULL_DOWN

步驟與說明

1　內建下拉電阻線路接法，按鈕兩端
　　一端接 GPIO 另一端接 3.3V，注意
　　GPIO 換到位置 17 囉。

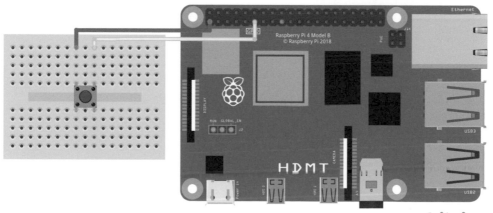

fritzing

2 啟動內建下拉電阻程式碼，加一個 pull_up_down 參數即可。

```
GPIO.setmode(GPIO.BCM)
GPIO.setup(17, GPIO.IN, pull_up_down=GPIO.PUD_DOWN)
```

3 內建上拉電阻接法，按鈕兩端一端接 GPIO 另一端接 GND。

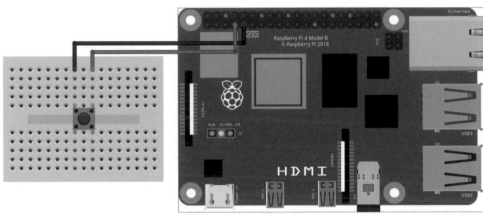

4 啟動內建上拉電阻程式碼。

```
GPIO.setmode(GPIO.BCM)
GPIO.setup(4, GPIO.IN, pull_up_down=GPIO.PUD_UP)
```

5 完成。

補/充/說/明

建議盡量使用內建上拉電阻接法，原因是按鈕的兩端都沒有接到高電位
訊號，可以減少樹莓派燒掉機率。

2-5 PWM

P WM 的全名為脈衝寬度調變（Pulse Width Modulation）。是在一個時間週期內改變高低電位的比例來產生一些裝置所需要的特殊指令（例如舵機），或是模擬類比訊號輸出（例如調整 LED 亮度）。

要使用 PWM 必須要硬體支援，樹莓派有兩個硬體 PWM 接腳：PWM0 為 GPIO12 或 GPIO18，PWM1 為 GPIO13。硬體 PWM 的好處是訊號精準，不會有什麼誤差，缺點就是不是每一個 GPIO 接腳都可以輸出 PWM 訊號，而且也要看函數庫支不支援。就 GPIO.RPi 函數庫而言不支援硬體 PWM，但他提供了軟體模擬 PWM，由於是軟體模擬，因此任何一個 GPIO 接腳都可以使用 PWM，缺點則是精準度不夠好，想要用來操作無人機恐怕不太適宜。

PWM 有兩個重要參數必須認識：頻率（frequency）與佔空比（duty cycle，簡寫為 dc）。頻率用來決定 PWM 週期，若設定頻率為 1 代表週期也為 1（週期 = 1/ 頻率），週期 1 就是 1 秒，若頻率設定為 0.5，週期就是 2 秒。佔空比代表在一個週期內，高低電位的比例。若頻率為 1 時，dc 設定為 100，代表 1 秒內該 GPIO 全部高電位輸出；若 dc 設定為 50，代表 1 秒內，先高電位 0.5 秒再低電位 0.5 秒；若 dc 設為 0，代表完全低電位輸出。

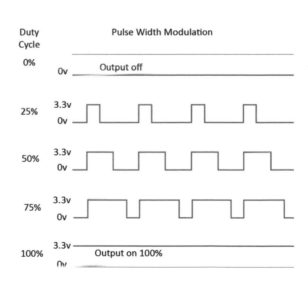

步驟與說明

1 在麵包板上插一個 LED 與一個 220Ω 電阻。

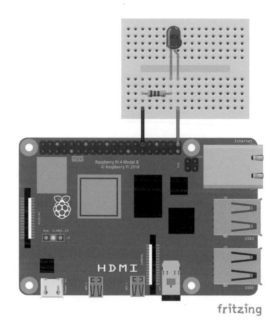

fritzing

2 設定頻率 0.5，也就是週期為 2 秒，佔空比為 50 的 PWM 訊號。換句話說，在 2 秒的時間內，其中 1 秒為高電位下一秒為低電位，因此 LED 會亮 1 秒然後暗 1 秒，不斷重複到使用者按下 enter 鍵為止。

```python
import RPi.GPIO as GPIO

pinLED = 21
freq = 0.5
dc = 50

GPIO.setmode(GPIO.BCM)
GPIO.setup(pinLED, GPIO.OUT)
p = GPIO.PWM(pinLED, freq)

p.start(dc)
```

```
input('按 enter 結束')
p.stop()

GPIO.cleanup()
```

③ 執行看看，LED 會每 1 秒閃爍一次。提高頻率讓 LED 不會閃爍
（例如設定 100）。若調整佔空比（例如設定 10）就可以用來調暗
LED 亮度了。

補/充/說/明

1. 在 PWM 啟動後，可以透過 p.ChangeFrequency(freq) 函數來改變
   頻率。

2. 在 PWM 啟動後，可以透過 p.ChangeDutyCycle(dc) 函數來改變佔
   空比。

3. 有些電子產品設計了「呼吸燈」這樣的功能，這也是透過 PWM 來
   控制燈光亮度的。

2-6 中斷

如果我們想要瞭解某一個裝置目前的狀態，例如按鈕是否按下，有兩種方式可以達到目的。一種是寫一個無窮迴圈，然後在迴圈內不斷地去檢查該裝置的狀態，另一種則是該裝置主動地把狀態送出來，我們的程式只要收到這個狀態時再去處理就好。使用無窮迴圈的方式稱為輪詢（polling），等收到狀態再去處理的方式稱為中斷（interrupt）。輪詢程式寫起來簡單，但執行上比較沒有效率，因為要不斷的消耗 CPU 時間去檢查按鈕是否按下。使用中斷的好處則是當按鈕沒有按下時，程式可以去處理其他的事情，等到收到按鈕按下的訊號後再去做按鈕按下後要做的事情即可，CPU 可以以有效率的方式運作，但缺點是，中斷需要硬體支援並且程式寫起來沒有輪詢好寫。

樹莓派內建的 GPIO.RPi 這套 Python 函數庫提供了軟體模擬中斷，他不是真正的硬體中斷，因此當中斷發生時程式可以做的事情比硬體中斷來的多（事實上是沒有什麼限制），而且因為是軟體模擬，所以每一個 GPIO 接腳都可以使用中斷。軟體模擬當然有其缺點，缺點就是中斷發生時的程式反應速度沒有硬體中斷來的快，但如果我們使用的硬體感測器不需要非常精準的反應速度時，使用軟體模擬也不會有什麼問題，反而程式更好寫。

GPIO.RPi 提供了兩個中斷函數：wait_for_edge() 與 event_detected()。這兩個函數都可以指定裝置要在什麼時候發出中斷訊號，分別是 RISING、FALLING 與 BOTH。如下圖，從低電位到高電位稱為 RISING，從高電位回到低電位稱為 FALLING，如果兩者都要就是 BOTH。

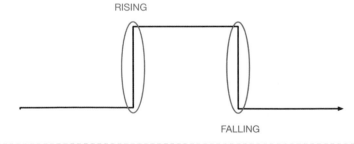

2-6-1 Wait for Edge

步驟與說明

1 在麵包板上放一個按鈕，按鈕一端接 GPIO6 另一端接 GND，並啟動內建下拉電阻。因此按鈕沒有按下時，GPIO6 收到的電位訊號為高電位，按鈕按下後會變成低電位，放開後會再回到高電位。程式設定 5 秒內如果發生 FALLING，也就是按鈕按下後會發出中斷訊號，此時函數 wait_for_edge() 會立刻返回，返回值即是發生中斷的 GPIO 編號。如果 5 秒內電位沒有變化，返回值會是 None。

```python
import RPi.GPIO as GPIO

pinBN = 6
GPIO.setmode(GPIO.BCM)
GPIO.setup(pinBN, GPIO.IN, pull_up_down=GPIO.PUD_UP)

ret = GPIO.wait_for_edge(pinBN, GPIO.FALLING, timeout=5000)
if ret is None:
    print ('5 秒內按鈕沒按下 ')
else:
    print (' 按鈕按下，GPIO{} 發生中斷訊號 '.format(ret))
GPIO.cleanup()
```

2 如果希望在等待的時間內可以去做一些其他的事情，請將 wait_for_edge() 放在另一個執行緒中執行即可。（請參考本書 Python 多執行緒單元）

3 執行看看。

2-6-2 Event Detect

① 硬體線路如上一節。

② 定義中斷發生後要呼叫的函數，函數名稱任意取，但必須接受一個參數，此參數會存放中斷發生時的 GPIO 編號，以這個例子而言就是數字 6。

```python
n = 1
def event_occurred(pin):
    global n
    print('按了{}次'.format(n))
    n += 1
```

③ 然後設定中斷條件，並且指定中斷發生時要呼叫的函數。當這行程式碼呼叫完後，內部會產生一個執行緒等待中斷事件發生，然後此函數會立刻返回。

```python
GPIO.add_event_detect(pinBN, GPIO.FALLING, callback=event_
occurred)
```

④ 接下來在主執行緒中可以處理中斷尚未發生時要做的事情。

```python
try:
    # 中斷未發生時想要做的其他事情寫這裡
    # 若沒想要做什麼就讓他睡到天荒地老
    while True:
        time.sleep(1000000)
except KeyboardInterrupt:
    pass
GPIO.cleanup()
```

⑤ 執行看看。

2-6-3 接點抖動

如果您有實際執行按鈕的程式碼，您應該會發現明明只按了一下按鈕，怎麼系統產生的訊息卻顯示出按了好幾下。不用擔心，您的按鈕沒有壞掉，程式也沒有寫錯，這是按鈕必然會發生的現象，稱為接點抖動（switch bounce）。這個現象是按鈕中的兩個金屬片接觸或放開時電位上下彈跳的不穩定情形，這是一個物理現象，必然會發生，並且隨著按鈕使用次數越長（就是老化的意思），接點抖動的時間也會變長。各位讀者有滑鼠用久了按鈕不聽使喚的經驗嗎？

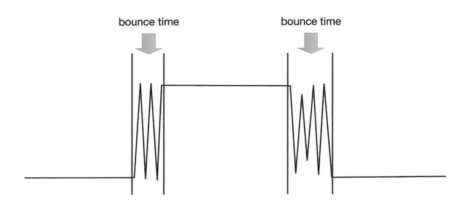

有兩種方式解決接點抖動問題，一種是用硬體來處理，也就是在按鈕的接腳上加一顆電容器來吸收不穩定的電壓變化，另一種就是透過軟體來處理，原理很簡單，就是假設抖動時間持續 0.3 秒，那麼 0.3 秒後再去看電位高低即可。這個 0.3 秒是一個經驗值，設太長，可能偵測不到按鈕變化，設太短，可能無法有效濾掉電壓彈跳現象。

步驟與說明

1 在 add_event_detect() 函數中加上 bouncetime 參數即可。

```
GPIO.add_event_detect(pinBN, GPIO.FALLING, callback=event_
occurred, bouncetime=300)
```

② 加上 bouncetime 可以解決大部分的彈跳現象，但還是會有一些漏網之魚，如果不想再增加 bouncetime 時間，還有一種作法就是一進入 callback 函數中先移除中斷機制，然後事情處理完再加回去，這樣做幾乎可以很好的解決電壓彈跳現象。

```python
def event_occurred(pin):
    global n
    GPIO.remove_event_detect(pin)
    print('按了{}次'.format(n))
    n += 1
    GPIO.add_event_detect(pin, GPIO.
FALLING, callback=event_occurred, bouncetime=300)
```

③ 執行看看。

2-7 數位感測器

數 位感測器傳出的訊號只有高電位與低電位兩種訊號，例如按鈕按下去後得到高電位訊號，鬆開的時候得到低電位訊號。若高電位訊號以 1 代表，低電位訊號以 0 代表，感測器可以傳出一系列的 0/1 組合，例如 01000001，再把這一串 0/1 組合的數字以每 8 個為一組後轉成 10 進位，就可以得到 65 這個數字。也許 65 代表了當時的相對濕度是 65%，或是經由 ASCII 表得到英文字母 A。不論是哪一種，0/1 的組合可以讓感測器產出任何我們想要得到的資訊。

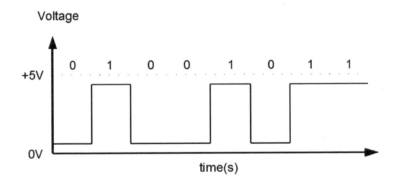

2-7-1 舵機（Servo）

舵機是一種透過 PWM 訊號控制旋轉角度的馬達。一般來說舵機有兩種規格，一種是可以 360 度旋轉的，另一種則是有最大轉動角度。拿到一個舵機後必須先看規格書，有幾個數據必須先查到，以 SG90 這個在許多電子玩具上常見的舵機而言，規格書中必須要知道的數據請見下表：

黑線或棕線	GND
紅線	5V
橘線	GPIO
最大轉動角度	180 度
頻率	50Hz
脈衝寬度	500us ～ 2400us
轉動速度	60 度 / 0.1s

根據最大轉動角度與脈衝寬度資料，我們必須先算出 PWM 在頻率 50Hz 的情況下要舵機轉到 0 度時的佔空比以及 180 度的佔空比，公式如下：

$$0 \text{ 度：} \frac{500 \times 10^{-6}}{50^{-1}} \times 100 = 2.5\%$$

$$180 \text{ 度：} \frac{2400 \times 10^{-6}}{50^{-1}} \times 100 = 12\%$$

根據以上計算的結果，佔空比與角度之間的轉換公式為：

$$f(x) = \frac{(12 - 2.5)}{180} \times x + 2.5$$

例如我們想要讓舵機轉到 60 度，計算 $f(60)$ 的結果為：

$$f(60) = \frac{(12 - 2.5)}{180} \times 60 + 2.5 = 5.67$$

數字 5.67 就是我們要讓舵機轉到 60 度的佔空比。

步驟與說明

1 將舵機接到樹莓派上，並且將一片塑膠葉片裝到舵機上，這樣待會舵機轉動時才看的到轉到的位置。

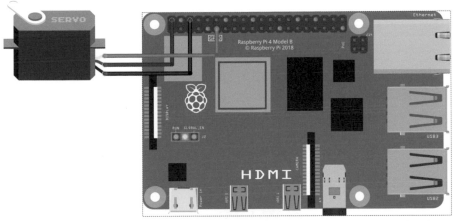

2 撰寫程式碼。一開始讓舵機轉到 0 度，然後轉到 180 度，最後停
在 90 度。

```python
import RPi.GPIO as GPIO
import time

pin = 17
GPIO.setmode(GPIO.BCM)
GPIO.setup(pin, GPIO.OUT)
p = GPIO.PWM(pin, 50)

# degree 0
p.start(2.5)
time.sleep(0.4)
# degree 180
p.ChangeDutyCycle(12)
time.sleep(0.4)
# dcgree 90
p.ChangeDutyCycle(7.25)
time.sleep(0.4)

p.stop()
GPIO.cleanup()
```

3 執行看看。

若執行後,舵機在 0 度與 180 度的位置會微微震動,代表該舵機實際無法轉到這個角度(與表定規格總是有點誤差),因此內部齒輪卡住了,請調整佔空比以免舵機齒輪損壞。

2-7-2 無源蜂鳴器

蜂鳴器的用途就是產生「嗶嗶嗶」的聲音,不怎麼悅耳,但就只是個警告聲音而已。蜂鳴器有兩種規格,有源與無源。有源蜂鳴器內部有振盪器,只要通電就會發出單一頻率的聲音。無源蜂鳴器則需要透過 PWM 訊號來驅動蜂鳴器,並且可以透過頻率的改變來改變蜂鳴器發出的高低音,操作起來比較有趣。

步驟與說明

① 由於蜂鳴器上的接腳太細,建議插在麵包板上。無源蜂鳴器沒有正負極之分,但通常在其中一隻腳會印上符號「+」,我們就把這隻腳接到樹莓派的 GPIO,另外一隻腳就接 GND。

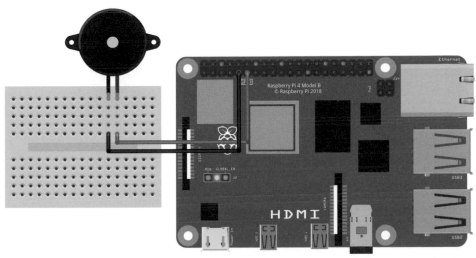

fritzing

2 啟動 GPIO17 的 PWM 訊號，改變其頻率就可以聽到蜂鳴器發出聲
音了。

```python
import RPi.GPIO as GPIO
import time

pin = 17
GPIO.setmode(GPIO.BCM)
GPIO.setup(pin, GPIO.OUT)
p = GPIO.PWM(pin, 1)
p.start(50)

# Do
p.ChangeFrequency(523)
time.sleep(1)
# Re
p.ChangeFrequency(587)
time.sleep(1)
# Mi
p.ChangeFrequency(659)
time.sleep(1)

p.stop()
GPIO.cleanup()
```

3 執行看看。蜂鳴器會發出 Do-Re-Mi 的聲音每個聲音持續 1 秒。

補/充/說/明

以下為頻率表，有讀者想要編首歌嗎？

Do	66	131	262	523	1046
Re	74	147	294	587	1175
Mi	83	165	330	659	1318
Fa	88	175	349	698	1397
So	98	196	392	784	1568
La	110	220	440	880	1760
Si	124	247	494	988	1976

2-7-3 超音波感測器（HC-SR04）

由於聲音在空氣中的傳播速度是穩定的，因此我們可以利用超音波感測器發出一個聲音後計算該聲音碰到障礙物反彈回來後的時間，就可以計算出感測器與前方目標物之間的距離。

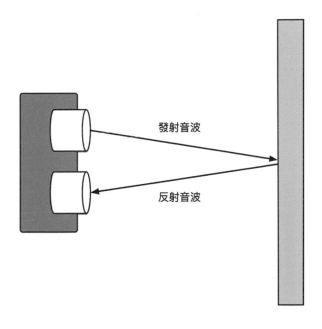

發射音波

反射音波

聲音在空氣中的傳播速度公式如下，其中 t 為攝氏溫度，計算出來的單位為 m。

$$d = 331 + 0.6t$$

因此，在室溫 25 度的時候，聲音每秒可以跑 346 公尺，換算一下，跑 1 公分需要 28.9 微秒（0.0000289 秒）。

步驟與說明

1. 接線。

HC-SR04	RPi
VCC	5V
GND	GND
Trig	GPIO24
Echo	GPIO23

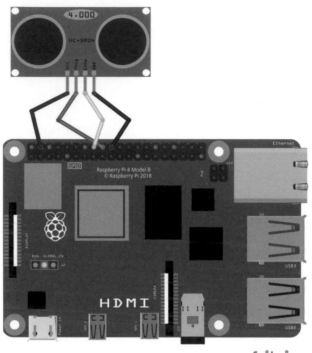

② 匯入函數庫並且設定 GPIO 腳位。

```
import RPi.GPIO as GPIO
import time

pinECHO = 23
pinTRIG = 24
GPIO.setmode(GPIO.BCM)
GPIO.setup(pinECHO, GPIO.IN)
GPIO.setup(pinTRIG, GPIO.OUT)
```

③ 超音波感測器的工作原理為：先對 Trig 接腳輸出 10 微秒的高電位，然後超音波感測器就會連續發出 8 個 40Hz 的訊號，接著 Echo 腳會變成高電位。當感測器收到反彈回來的訊號後，Echo 腳會變成低電位，因此只要計算 Echo 腳在高電位的時間，我們就可以知道距離了。

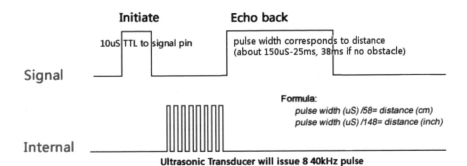

Initiate

10uS TTL to signal pin

Echo back

pulse width corresponds to distance
(about 150uS-25ms, 38ms if no obstacle)

Signal

Formula:
pulse width (uS) /58= distance (cm)
pulse width (uS) /148= distance (inch)

Internal

Ultrasonic Transducer will issue 8 40kHz pulse

④ 計算 Echo 腳位於高電位的時間。

```
def pulseIn(pin):
    if GPIO.wait_for_edge(pin, GPIO.
RISING, timeout=500) is None:
        return 0

    start_time = time.time()
    GPIO.wait_for_edge(pin, GPIO.FALLING, timeout=500)
    return (time.time() - start_time) * 1000000
```

⑤ 每 0.5 秒計算一次距離。

```
try:
    while True:
        GPIO.output(pinTRIG, 0)
        time.sleep(2.0 / 1000000)

        GPIO.output(pinTRIG, 1)
        time.sleep(10.0 / 1000000)
        GPIO.output(pinTRIG, 0)

        d = pulseIn(pinECHO) / 28.9 / 2
        if d > 400 or d == 0:
            continue
        print ("Distance: " + str(d) + " cm")
        time.sleep(0.5)
```

```
except KeyboardInterrupt:
    pass

GPIO.cleanup()
```

6 執行看看。

2-7-4 紅外線移動感應（HC-SR501）

紅外線移動感應（Pyro-electric Infrared Detector，簡稱為 PIR）主要的用途就是感應前方大約 120 度的範圍內是否有發出紅外線的物體在移動，所以一些家電上會裝這一顆這種感測器用來感應是否有人經過，例如許多人家大門口的感應燈。這一顆感測器的特徵很明顯，就是上頭有一個像雷達罩一樣的東西，用來增加感測器的感應角度，背面有兩個旋鈕，用來調整感應時間與感應距離。

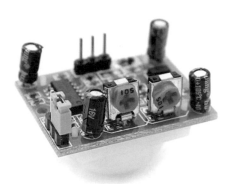

以上圖而言，左側的旋鈕（橘色的）為感應距離調節鈕，逆時針轉到底感應範圍為 3 公尺，順時針轉到底為 7 公尺。右側的旋鈕為延時調節鈕，逆時針轉到底發出感應訊號持續 0.5 時間秒，順時針轉到底為 300 秒。最左邊的 jumper（黃色的），目前的位置為「單一觸發」，意思是當感測器感應到有紅外線物體移動後發出高電位訊號，在延時時間尚未結束前若又感應到有紅外線物體移動，延時時間不會重置，時間到了就會掉回到低電位訊號。若 jumper 改插另外兩隻腳，代表延時時間會不斷重置，讓感測器持續維持高電位訊號輸出直到感應不到紅外線物體移動為止，此為「重複觸發」模式。有些版本的感測器沒有這個 jumper，買的時候注意一下，有 jumper 的比較容易調整。

感測器上面的三隻腳的接法通常會印在板子上，如果找不到，可以把雷達罩拆下來（他沒有用膠黏住，因此用指甲稍微扳一下就可以分開了），三隻腳的用途會印在雷達罩下面。VCC 就接樹莓派 5V，GND 接樹莓派 GND，通常中間的腳為訊號腳，隨意找一個 GPIO 接即可。

步驟與說明

1 接線。

PIR（HC-SR501）	LED	RPi
VCC		5V
DATA		GPIO23
GND		GND
	短腳接電阻	GND
	長腳	GPIO4

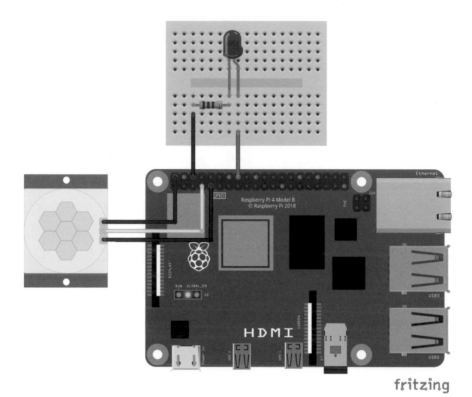

fritzing

②　若希望 HC-SR501 感應到有紅外線移動時點亮 LED 燈，程式碼
　　如下。

```
import RPi.GPIO as GPIO
import time

pinLED = 23
pinSR = 4
GPIO.setmode(GPIO.BCM)
GPIO.setup(pinLED, GPIO.OUT)
GPIO.setup(pinSR, GPIO.IN)

try:
    while True:
        GPIO.output(pinLED, GPIO.input(pinSR))
        time.sleep(0.1)
except KeyboardInterrupt:
    pass
GPIO.cleanup()
```

③　執行看看。

2-7-5 溫濕度感測器（DHT-11）

溫濕度感測器用來偵測偵測室溫以及濕度，常見的型號有 DHT-11（上圖左）與 DHT-22（上圖右），這兩顆的精準度與價格都不同。本單元以 DHT-11 為範例。

	DHT-11	DHT-22
濕度	20%~90% ± 5	0%~100% ± 1
溫度	0~50℃ ± 2	-40~80℃ ± 0.5
回應時間	> 2s	2s

溫濕度感測器的程式稍微多了點，根據規格書，在送出特定時間的高低電位訊號後，DHT-11 會依序回傳 40 bit 的資料，bit 0-7 為濕度的整數位數，bit 8-15 為濕度的小數位數，bit 16-23 為溫度的整數位數，bit 24-31 為溫度的小數位數，bit 32-39 為檢查碼。網路上支援 DHT-11 與 DHT-22 的函數庫很多，這部分我們從網路上抓取可公開使用的函數庫就好。

步驟與說明

① 接線。

DHT-11	RPi
VCC	5V 或 3.3V
GND	GND
DATA	GPIO4（可任意）

② 安裝第三方函數庫，我們挑選這一家的 https://github.com/adafruit/Adafruit_CircuitPython_DHT 安裝方式如下。

```
$ pip3 install adafruit-circuitpython-dht
$ sudo apt-get install libgpiod2
```

③ 撰寫程式碼，每隔 5 秒抓取感測器資料一次。參數 board.D4 代表 DHT11 的資料腳接在樹莓派 GPIO4。

```
import adafruit_dht
import board
import time

dht = adafruit_dht.DHT11(board.D4)

while True:
    try:
        t, h = dht.temperature, dht.humidity
        print(' 溫度 :{:.1f}'.format(t), end=', ')
        print(' 濕度 :{:.0f}%'.format(h))
    except RuntimeError as error:
        print(error)
    time.sleep(2)
```

④ 執行看看。

補/充/說/明

使用排程自動執行。我們可以在印出溫濕度資料後立刻使用 break 離開迴圈，讓這支程式執行一次就結束。然後在 /etc/crontab 中加入下面這一行，這樣我們的溫濕度程式就會每分鐘執行一次。

```
* * * * * pi /home/pi/dht.py
```

注意每個 * 號間要至少空一格，pi 的前後也要空一格。五個星號分別代表分、時、日、月、星期，pi 的位置代表執行身份，後面就是執行指令。若希望每 30 分鐘執行一次，只要將第一個 * 號改為 */30 即可，如下：

```
*/30 * * * * pi /home/pi/dht.py
```

現在只要將第 3 步中的 print() 輸出換成呼叫 Web API 或是資料庫存檔，這樣每隔一段時間作業系統就會自動幫我們執行一次程式。放入排程的程式千萬別寫成無窮迴圈，否則一段時間後系統中就會有一堆無法結束的程式在執行，很快樹莓派就會因資源耗盡而無法正常運作了。

2-7-6 繼電器（Relay）

繼電器是一種用小電流來控制大電流的電子開關，例如用樹莓派來控制家裡的電燈，或是控制煮飯的電鍋。剛開始接觸繼電器的讀者建議購買下方有個板子的繼電器模組（如上圖），這種板子上會有二極體來防止繼電器斷電的時候產生的反向電流讓樹莓派或其他的控制電腦燒毀。購買時注意一下規格，以上圖為例，這顆電磁式的繼電器在 250V 交流電時可容許 10A 電流，125V 交流電時可容許 10A 電流。另外要注意的是繼電器是低電位觸發還是高電位觸發，如果買的時候不確定，回來跑程式的時候也可以知道。

電磁式的繼電器內部有一個電磁鐵，當樹莓派小電流通過的時候產生磁性吸住一片鐵片而使得大電流端形成通路，所以當繼電器作動的時候，會有明顯的「答答」聲，這就是電磁鐵吸放鐵片時產生的聲音。

步驟與說明

① 我們使用一顆按鈕來控制繼電器，然後繼電器再控制 LED 燈亮滅。有興趣的讀者可將 LED 燈的線路換成 110V 的線路，就可以控制家裡的電器設備了，但請讀者務必瞭解整個原理後再作嘗試。整個系統分成三個迴路：

- 迴路一：LED 部分接一顆電池，電池的 GND 接到 LED 的短腳，電池的高電位接繼電器的 C 腳（共用腳，Common），繼電器的 NC 腳（常閉，Normal Close）接 LED 的長腳。

- 迴路二：繼電器的 VCC 接樹莓派的 5V（若繼電器是 3.3V 觸發的，請接樹莓派 3.3V），繼電器的 GND 接樹莓派 GND，繼電器的訊號腳（通常標示 S）接樹莓派的任何 GPIO（圖例為 GPIO17）。

- 迴路三：微動開關兩端一端接 GND，另一端接 GPIO7，之後我們要啟動 GPIO7 內建的上拉電阻。

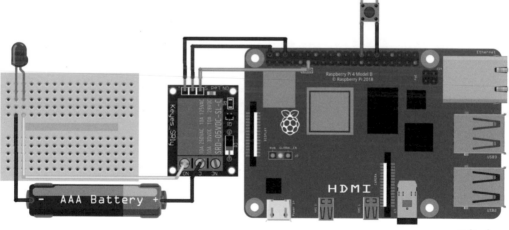

② 匯入相關函數並初始化 GPIO。

```
import RPi.GPIO as GPIO
import time

pinRelay = 17
pinBn = 7
GPIO.setmode(GPIO.BCM)
GPIO.sctup(pinRelay, GPIO.OUT)
GPIO.setup(pinBn, GPIO.IN, pull_up_down=GPIO.PUD_UP)
```

③ 偵測按鈕是否按下並觸發繼電器。本程式之繼電器規格為高電位觸發，若低電位觸發之繼電器把 not 移除即可。

```
try:
    GPIO.add_event_detect(pinBn, GPIO.BOTH, bouncetime=500
, callback=lambda:
        GPIO.output(pinRealy, not GPIO.input(pinBn))
    )
    while True:
        time.sleep(1000000)
except:
    pass
GPIO.cleanup()
```

④ 執行看看。

2-7-7 七段顯示器

七段顯示器上面總共有 8 顆 LED 燈，包含右下角的小數點，排列的方式可以用來顯示阿拉伯數字或是有限的符號，例如 A 或是 C 或是 H⋯等。七段顯示器有共陰與共陽兩種規格，所謂的共陰代表這 8 顆 LED 的低電位腳（短腳）全部接在一起，之後統一接樹莓派的 GND；共陽則剛好相反，8 顆 LED 的高電位腳（長腳）全部接在一起，之後統一接樹莓派的 5V 或 3.3V。下圖左為共陰七段顯示器，下圖右為共陽匸段顯示器。本單元以共陰為範例。

7-SEGMENT

Common Cathode

Common Anode

除了兩隻共陰或共陽腳之外，其餘的八隻腳編號為 a 到 g，分別接到 8 顆 LED 上。控制七段顯示器的方式有很多，最簡單的方式就是把七段顯示器上的 a、b、c、d、e、f、g 與 dp 這 8 隻腳分別接到樹莓派的任意 8 個 GPIO 上，然後挑一隻共陰腳接到樹莓派的 GND 就完成了。接下來只要控制這 8 個 GPIO 的高低電位輸出就可以讓七段顯示器顯示不同的數字，簡單吧，反正樹莓派上的 GPIO 夠多，這沒有什麼不可以。

但如果要控制多一點的七段顯示器，例如要顯示 4 位數字，很明顯樹莓派的 GPIO 就不夠多了，我們得要找專門的晶片來處理。這裡，我們先介紹一個古老、常見、便宜也入門級的晶片 74HC595 來控制七段顯示器，這一顆晶片很容易理解其控制原理，讓剛接觸的讀者感受一下晶片設計者的智慧。

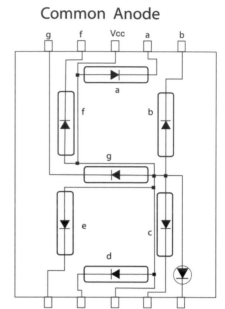

74HC595 晶片的接腳編號、名稱與各腳功能說
明如下。

接腳	說明
VCC	接樹莓派 5V。
DS	資料輸入腳,接樹莓派任何一個 GPIO。
SHCP	第一道開關,接樹莓派任何一個 GPIO。SHCP 從低電位到高電位時,DS 的電位訊號會流進晶片中移位暫存器編號為 0 的位置,而原本移位暫存器編號 0 的位置資料會移動到編號 1 的位置,第編號 1 的資料會移動到編號 2,以此類推,而最後編號 7 的資料會從 Q7'(第 9 腳)流出。下圖由上而下依序為 DS 的訊號變化了三次,而 SHCP 從低電位到高電位重複三次後移位暫存器中編號 0 到編號 3 中的資料。 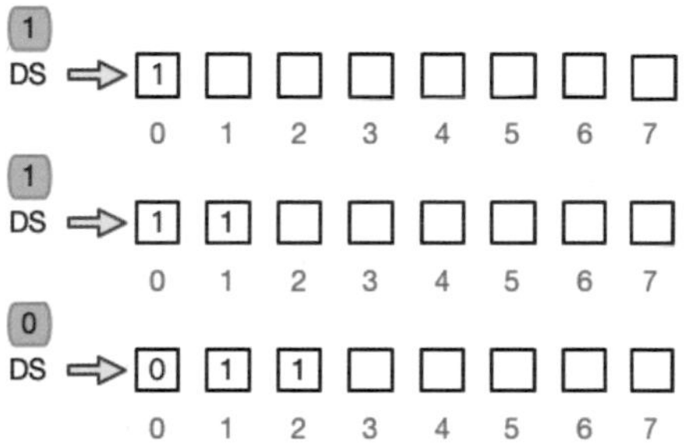 當 SHCP 從低電位到高電位重複 8 次後,DS 腳的高低電位訊號會填滿移位暫存器的 8 個位置,DS 第 1 次進去的高電位訊號會在編號 7 的位置。 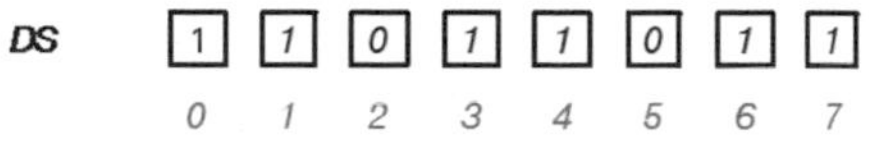
STCP	第二道開關,接樹莓派任何一個 GPIO。從低電位到高電位時,移位暫存器的 8 筆資料會同時移動到鎖定暫存器。 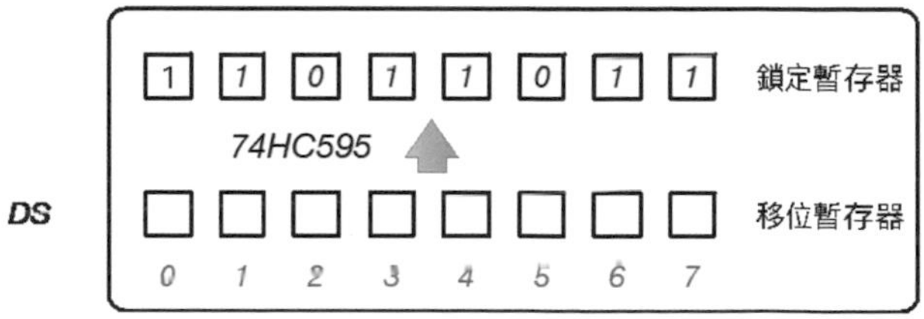

147

接腳	說明
OE	第三道開關。若為低電位時，鎖定暫存器中的 8 筆資料會立刻流到 Q0~Q7 腳。其中接腳 Q7 的電位訊號是 DS 腳第一次收到的電位訊號，而 Q0 則是 DS 腳第 8 次收到的電位訊號。為操作方便起見，OE 腳通常接樹莓派 GND。
MR	低電位時重置晶片，為操作方便起見，MR 腳通常接 5V。
Q0~Q7	接七段顯示器。
Q7'	接另一顆 74HC595 晶片的 DS 腳。

步驟與說明

1 接線。

七段顯示器	74HC595	RPi
	DS	GPIO17
	STCP	GPIO27
	SHCP	GPIO22
共陰	OE, GND	GND
	MR, VCC	5V
A	Q7	
B	Q6	
C	Q5	
D	Q4	
E	Q3	
F	Q2	

七段顯示器	74HC595	RPi
G	Q1	
DP	Q0	

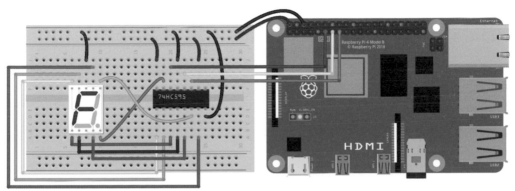

fritzing

2 匯入函數庫與初始化 GPIO。

```
import RPi.GPIO as GPIO
import time

pinDS   = 17
pinSTCP = 27
pinSHCP = 22
GPIO.setmode(GPIO.BCM)
GPIO.setup([pinDS, pinSTCP, pinSHCP], GPIO.OUT)
```

③ 編碼。在陣列中編出各種顯示圖案的高低電位資料，以此陣列為
例，由上而下分別為 0~9，最後一列會將七段顯示器關閉。

```
data = [
    #A  B  C  D  E  F  G  GP
    [1, 1, 1, 1, 1, 1, 0, 1],    #0
    [0, 1, 1, 0, 0, 0, 0, 1],    #1
    [1, 1, 0, 1, 1, 0, 1, 1],    #2
    [1, 1, 1, 1, 0, 0, 1, 1],    #3
    [0, 1, 1, 0, 0, 1, 1, 1],    #4
    [1, 0, 1, 1, 0, 1, 1, 1],    #5
    [0, 0, 1, 1, 1, 1, 1, 1],    #6
    [1, 1, 1, 0, 0, 0, 0, 1],    #7
    [1, 1, 1, 1, 1, 1, 1, 1],    #8
    [1, 1, 1, 0, 0, 1, 1, 1],    #9
    [0, 0, 0, 0, 0, 0, 0, 0]     #off
]
```

④ 讓七段顯示器每秒顯示一個數字。

```
try:
    for i in range(len(data)):
        GPIO.output(pinSTCP, 0)
        for j in range(8):
            GPIO.output(pinSHCP, 0)
            GPIO.output(pinDS, data[i][j])
            GPIO.output(pinSHCP, 1)
        GPIO.output(pinSTCP, 1)
        time.sleep(1)
except KeyboardInterrupt:
    pass
time.sleep(2)
GPIO.cleanup()
```

⑤ 執行看看。

補/充/說/明

如果要顯示多位數就需要多顆七段顯示器，此時有兩種線路接法，一種是用一顆 74HC595 晶片利用視覺暫留的方式控制多顆七段顯示器，但若時間控制不好的話數字會閃爍。另一種方式則是用多顆 74HC595 晶片一對一的控制每一顆七段顯示器，我比較喜歡這一種。線路接法很簡單，將兩顆 74HC595 晶片「串連」即可。

若第一顆 74HC595 晶片接在樹莓派上，接法就如同第 1 步的線路接法，然後第二顆晶片的 DS 腳接在第一顆晶片的 Q7' 腳，第二顆的 STCP、SHCP、VCC 與 GND 這四隻腳分別跟第一顆的這四隻腳接在一起，這樣這兩顆晶片就同步運作，如下圖左側的麵包板，線路雖看似複雜，但左側的麵包板只有五條有顏色的線與右邊接的地方不一樣而已，其他均相同。

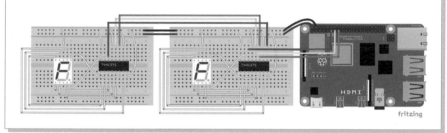

接下來程式中只要增加一行程式碼即可。

① 如果要顯示數字 23，在陣列 data 後與迴圈 for 之前加上一行程式碼即可。

```
data = [data[3] + data[2]]
```

② 執行看看。

2-7-8 三軸加速儀（ADXL345）

三軸加速儀是用來感測 x、y、x 三個方向的加速度，包含了重力加速度，單位為 G，也就是 9.8m/s²。有兩種常見的樣子，如下：

ADXL345 是透過 I2C 協定與樹莓派溝通，因此必須先確認樹莓派是否載入了 I2C 驅動程式。執行 sudo raspi-config 後選 Interfacing Options 就可以確認了。雖然在 GitHub 上找的到 ADXL345 的第三方函數庫，但 I2C 程式寫起來不算太複雜，只要網路上找到這顆晶片的規格書研讀一下就知道如何下指令了，所以我們就自己 DIY 來試試看。

ADXL345 的規格書網址 https://reurl.cc/9zRnvx。

步驟與說明

1️⃣　接線。由於是 I2C 協定，因此 GPIO 必須固定不可任意選取。

ADXL345	RPi
VCC	5V（高速模式） 3.3V（省電模式）
GND	GND
SDA	GPIO2
SDL	GPIO3

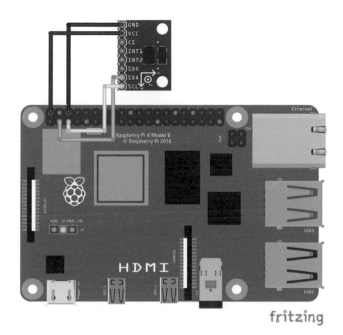

② 　使用指令「i2cdetect -y 1」找到 ADXL345 的 I2C 位址為 53。

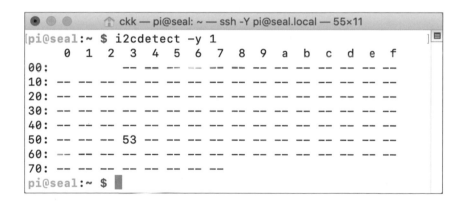

3 匯入函數庫並根據 ADXL345 規格書初始化 I2C 裝置。

```python
import smbus, time

i2c = smbus.SMBus(1)
addr = 0x53        # 裝置位址

# 設定運作頻率 100HZ
i2c.write_byte_data(addr, 0x2C, 0x0B)
# 設定電源管理為自動休眠
i2c.write_byte_data(addr, 0x2D, 0x08)
# 設定感測範圍 正負 8G
i2c.write_byte_data(addr, 0x31, 0x08 | 0x02)
```

4 讀取資料函數。

```python
def axesData(reg):
    bytes = i2c.read_i2c_block_data(addr, reg, 2)
    axes = bytes[0] | (bytes[1] << 8)
    if(axes & (1 << 16 - 1)):
        axes = axes - (1<<16)

    return round(axes * 0.004, 2)
```

5 每隔兩秒讀取資料一次。

```python
while True:
    x = axesData(0x32)
    y = axesData(0x34)
    z = axesData(0x36)
    print('x={}\ty={}\tz={}'.format(x, y, z))
    time.sleep(0.2)
```

6 執行看看。

2-7-9 LCD 螢幕

LCD 螢幕規格有很多種，這裡要介紹的一般電子材料行很常見，網路上也很容易買到的規格，如上圖。特徵是單色，可顯示 2 行每行 16 個字並且有背光，模組背後加上了一片 LCM1602 的控制板，可以讓樹莓派透過 I2C 協定來操作。

將資料顯示到螢幕上是很有趣的一件事情，讓樹莓派不需要接螢幕就可以顯示一些簡單的資料，例如溫濕度資料，所以這個模組我們就不要太辛苦的自己寫驅動程式，安裝一個第三方函數庫即可。

步驟與說明

① 接線。這個 LCD 模組使用 I2C 協定，因此接線方式是固定的。

ADXL345	RPi
VCC	5V
GND	GND
SDA	GPIO2
SDL	GPIO3

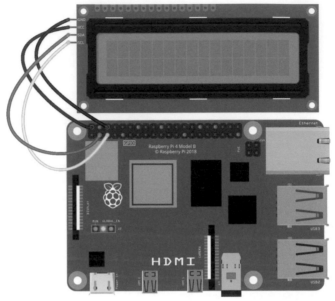

fritzing

② 安裝第三方函數庫。

```
$ pip3 install rpi-lcd
```

③ 程式如下。其中 **lcd.text()** 函數中的第二個參數代表字串要顯示在第幾行。

```
from rpi_lcd import LCD
import time

lcd = LCD()
lcd.text('Hello World!', 1)
lcd.text('Raspberry Pi', 2)

time.sleep(5)
lcd.clear()
```

④ 執行看看。

2-7-10 LED 矩陣（MAX7219）

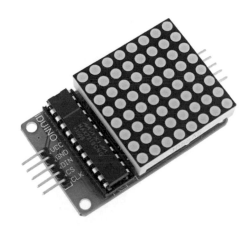

之前我們看過如何使用 74HC595 晶片控制一顆七段顯示器，這個單元我們要使用 MAX7219 晶片控制 64 顆 LED 矩陣，也相當於 8 顆七段顯示器。MAX7219 是透過 SPI 協定與樹莓派溝通，因此必須先確認樹莓派是否載入了 SPI 驅動程式。執行 sudo raspi-config 後選 Interfacing Options 就可以確認了。建議讀者買這種晶片與 LED 矩陣已經組裝好的模組，使用上方便許多。跟 I2C 協定一樣，我們自己 DIY 程式碼來控制這一顆晶片。

步驟與說明

1 接線。由於是 SPI 協定，因此 GPIO 必須固定不可任意選取，這裡我們使用樹莓派的 SPI0。

ADXL345	RPi
VCC	5V
GND	GND
DIN	GPIO10（MOSI）
CS	GPIO8（CE0）
CLK	GPIO11（SCLK）

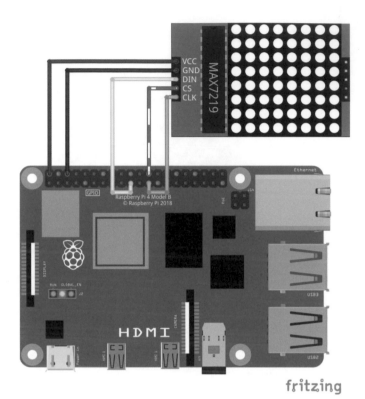

fritzing

② 匯入函數庫、開啟 SPI 通道必且設定 MAX7219 晶片的暫存器位址。

```
import spidev

spi = spidev.SpiDev()
spi.open(0, 0)
spi.max_speed_hz = 10000000

NOOP        = 0x0
DECODEMODE  = 0x9
INTENSITY   = 0xA
SCANLIMIT   = 0xB
SHUTDOWN    = 0xC
DISPLAYTEST = 0xF
```

補/充/說/明

暫存器位址	用途	說明
0x0	No-OP	多個 MAX7219 串連時，設定哪個晶片不作用。
0x1~0x8	資料 0~7	
0x9	解碼模式	參考規格書。0x0 代表可輸出任意圖案。
0xA	顯示亮度	0x0~0xF。0x0 最暗，0xF 最亮。
0xB	掃描限制	參考規格書
0xC	是否關機	0: 關機 , 1: 開機
0xF	顯示測試	0: 正常 , 1: 全亮

③ 編碼要顯示的圖案，此圖案為一顆愛心。

```
love = (
    0b01000010,
    0b11100111,
    0b11111111,
    0b11111111,
    0b01111110,
    0b00111100,
    0b00011000,
    0b00000000
)
```

④ 實作用來初始化 MAX7219 的函數

```
def init():
    send(DISPLAYTEST, 0)
    send(SCANLIMIT, 7)
    send(INTENSITY, 8)
    send(DECODEMODE, 0)
    send(SHUTDOWN, 1)
```

⑤ 實作透過 SPI 送資料到 MAX7219 的函數。

```
def send(reg, data):
    spi.writebytes([reg, data])
```

6 實作在 LED 矩陣上顯示圖案的函數。

```python
def show(graph):
    for i in range(8):
        send(i + 1, graph[i])
```

7 顯示資料最後關閉 LED 矩陣。

```python
def main():
    init()
    show(love)
    input('enter to stop')
    send(SHUTDOWN, 0)

main()
```

8 執行看看。

2-7-11 多個 MAX7219 模組串接

MAX7219 模組可以透過頭尾相連的方式串接多個，形成更大塊的 LED 矩陣。程式寫法跟單一一個模組不同，主要是模組上的 Chip Select（CS）接腳不可以使用樹莓派上的 CE0 接腳，必須要接到另一個 GPIO 上，然後需要在程式中自行控制 CS 接腳的電位訊號。

多個 MAX7219 模組串接時，每筆資料輸出必須連續輸出多次，第一次
輸出的資料會流到離樹莓派最遠那一個模組，最後一次輸出的資料會流
到離樹莓派最近的那一個模組。

決定哪一個模組要顯示資料，是透過 NOOP 暫存器，這個暫存器被設定
的 LED 矩陣模組就不會更新資料。NOOP 可視為「垃圾桶」，將資料丟
到垃圾桶去，畫面自然就不會更新了。

步驟與說明

① 接線，注意 MAX7219 模組上的 CS 腳已經換到 GPIO25 了，任何
一個 GPIO 都可以除了 GPIO8 外。

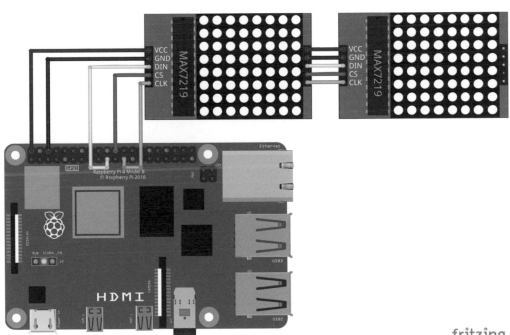

② 匯入函數庫、設定 CS 接腳、開啟 SPI 通道並且設定 MAX7219 晶片的暫存器位址。

```python
import RPi.GPIO as GPIO
import spidev

pinCS = 25
GPIO.setmode(GPIO.BCM)
GPIO.setup(pinCS, GPIO.OUT)

spi = spidev.SpiDev()
spi.open(0, 0)
spi.max_speed_hz = 10000000

NOOP        = 0x0
DECODEMODE  = 0x9
INTENSITY   = 0xA
SCANLIMIT   = 0xB
SHUTDOWN    = 0xC
DISPLAYTEST = 0xF
```

③ 設定兩個圖形的編碼矩陣。

```python
love = (
    0b01000010,
    0b11100111,
    0b11111111,
    0b11111111,
    0b01111110,
    0b00111100,
    0b00011000,
    0b00000000
)

smile = (
    0b00111100,
    0b01000010,
    0b10100101,
    0b10000001,
    0b10100101,
    0b10011001,
```

```
        0b01000010,
        0b00111100
)
```

4 實作初始化函數。

```
def init():
    send(DISPLAYTEST, 0)
    send(SCANLIMIT, 7)
    send(INTENSITY, 8)
    send(DECODEMODE, 0)
    send(SHUTDOWN, 1)
```

5 實作透過 SPI 送資料到 MAX7219 的函數。which=[1, 1] 表示有兩個 MAX7219 模組串接，如果有三個串接的話，設定 which=[1, 1, 1]，以此類堆。

```
def send(reg, data, which=[1, 1]):
    GPIO.output(pinCS, 0)

    for p in which:
        if p == 1:
            spi.writebytes([reg, data])
        else:
            spi.writebytes([NOOP, data])

    GPIO.output(pinCS, 1)
```

6 實作在 LED 矩陣上顯示圖案的函數。

```
def show(graph, which):
    for i in range(8):
        send(i + 1, graph[i], which)
```

7 讓兩個 LED 矩陣分別顯示笑臉與愛心，並且每一秒鐘交換一次。

```python
def main():
    import time
    init()
    try:
        while True:
            show(love, [0, 1])
            time.sleep(1)
            show(smile, [1, 0])
            time.sleep(1)
    except KeyboardInterrupt:
        pass
    send(SHUTDOWN, 0)

main()
```

8 執行看看。

2-7-12 全彩 LED 燈條（WS2812B）

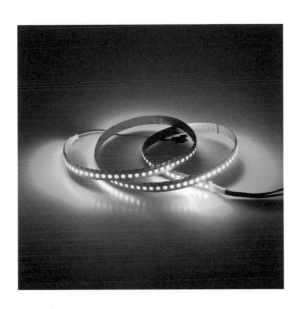

這種可程式控制的全彩 LED 燈條特色是每一顆燈珠都有一個控制晶片，晶片名稱為 WS2812B，我們只要對每一個控制晶片送出不同顏色指令，就可以控制每一顆燈珠亮不同顏色，非常炫麗漂亮。

這種 LED 燈條常見有 5V 與 12V 兩種規格，如果要直接接樹莓派 5V 電源，請買 5V 規格的。當然樹莓派也不能接太多燈珠，8 個燈珠一定沒問題，但想要用樹莓派推動一整條 LED 電力一定不夠，這時燈條就需要外接電源才行。若是打算用外接電源一次推動幾百個燈珠的燈條，這時買 5V 或 12V 規格就沒什麼差別，操作時記得把燈條的 GND 接到樹莓派上的 GND 就可以。

若讀者想要自行購買燈條，建議買一整條回來自己剪，這樣價格便宜很多，而且可以布置聖誕樹。這種 LED 燈條可以自由剪成需要的長度，只是剪後需要自己用烙鐵銲三條線（VCC、GND 與 Din），不算太困難的工作。如下圖垂直方向的黑線條就是動剪刀的位置。

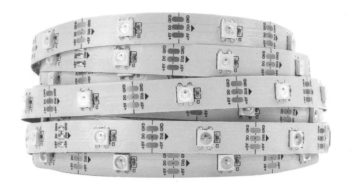

步驟與說明

1 接線。因為使用的第三方函數庫是採用 PWM 控制，因此資料輸入腳只能接樹莓派 GPIO18 或 GPIO12（圖的接法為 GPIO18）。

LED 燈條	RPi
VCC	5V
Din	GPIO18
GND	GND

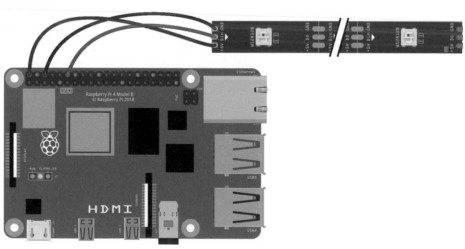

fritzing

②　安裝第三方函數庫，一定要加 sudo。

```
$ sudo pip3 install rpi_ws281x adafruit-circuitpython-neopixel
```

③　基本的程式碼如下，執行後會讓 8 個燈珠中的第四個燈珠亮綠色。

```
import board
import neopixel

numpix = 8
pixels = neopixel.NeoPixel(board.D18, numpix)
pixels[3] = (0, 255, 0)
```

④　執行看看。執行時需要加上 sudo。

▶ 彩虹範例

下面這段程式碼會讓 LED 燈條顯示彩虹顏色。

```
import board
import neopixel

numpix = 8
strip = neopixel.NeoPixel(board.D18, numpix)

RED = (255, 0, 0)
ORANGE = (255, 165, 0)
YELLOW = (255, 150, 0)
GREEN = (0, 255, 0)
BLUE = (0, 0, 255)
INDIGO = (75, 0, 130)
VIOLET = (138, 43, 226)
WHITE = (255, 255, 255)
COLORS = (RED, ORANGE, YELLOW, GREEN, BLUE, INDIGO, VIOLET,
WHITE)

for i in range(0, numpix):
    strip[i] = COLORS[i]

input('按 Enter 後結束')
strip.fill((0, 0, 0))
```

2-8 類比感測器

類 比感測器的訊號屬於類比訊號,代表輸出的電壓介於低電位與高電位之間(如下圖),這樣的電壓訊號樹莓派無法直接處理,因為樹莓派的 GPIO 接腳全部都是數位訊號輸入,並沒有能力接收與處理類比訊號。

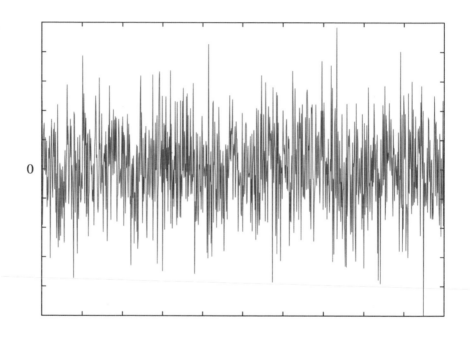

因此如果感測器的訊號屬於類比訊號就必須先轉換成數位訊號才行,這樣的轉換需要類比數位轉換晶片。類比數位轉換晶片很多,分辨率也不同(分辨率代表低電位到高電位間可以分成多少階,越小分辨率越低,晶片價格通常越便宜)。筆者強力推薦 MCP3008 這一顆晶片,推薦的原因在於這一顆晶片一次可以接 8 個類比裝置,分辨率有 1024 階,而且價格在 100 塊台幣左右不算太高,最重要的是樹莓派已經內建這顆晶片所需要的函數庫(gpiozero),程式寫起來很容易。

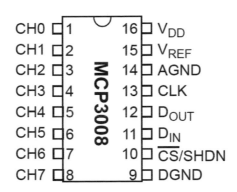

MCP3008 晶片透過 SPI 協定與樹莓派溝通，因此請先用 raspi-config 指令確認樹莓派的 SPI 功能已經打開。本單元將介紹三個類比感測器：光敏電阻、火焰感測器與 MQ2 氣體感測器。其他常見的土壤濕度、雨滴感測運作原理都一樣，把本書介紹的感測器換成其他感測器即可。

2-8-1 光敏電阻

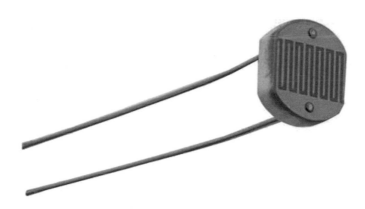

光敏電阻是一顆對光線強弱有反應的電阻，光線越強電阻值越低，光線越弱電阻值越高，因此這是一顆類比感測器。一般家裡常見晚上自動點亮的小夜燈裡面感測器就是這一顆。

步驟與說明

1 將 MCP3008 晶片插到麵包板上，壓到底不可有腳「浮在」麵包板
上，晶片缺口朝左，晶片上的字為正的。使用一顆 10KΩ 電阻作分
壓電路，用來拉大電壓範圍，這樣可以提升 MCP3008 的辨識度。

2 接線方式如下表，由於 MCP3008 使用 SPI 協定，因此連到樹莓派
上的 GPIO 接腳是固定的，不可以隨意選擇 GPIO。

10KΩ 電阻	光敏電阻	MCP3008	RPi
		VDD	5V（高速）
		VREF	VCC（與 VDD 同）
		AGND	GND
		CLK	GPIO11（SCLK）
		DOUT	GPIO9（MISO）
		DIN	GPIO10（MOSI）
		CS	GPIO8（CE0）
		DGND	GND
L-pin			GND
R-pin	R-pin	CH0	
	L-pin		VCC（與 VDD 同）

3 線路圖如下。

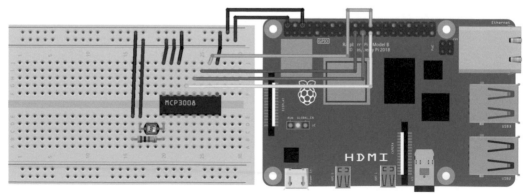

fritzing

④ 程式碼如下。

```
from gpiozero import MCP3008
import time

m = MCP3008(channel=0)
while True:
    print(int(m.value * 1000))
    time.sleep(0.2)
```

⑤ 執行看看。

2-8-2 火焰感測

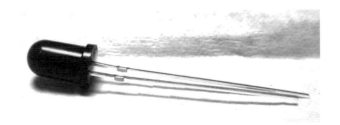

步驟與說明

① 火焰感測用來感測火焰，這顆感測器對波長為 760 nm 到 1100 nm 的紅外光特別敏感。將光敏電阻換成這一顆，其他硬體線路與光敏電阻同。注意火焰感測有正負極之分，當執行後數值都沒有變化的話就代表插反了，反過來插即可。

② 程式碼與光敏電阻相同，不再贅述。

③ 將打火機點著或是燃個蠟燭試試。打火機建議使用看的到火光的。

2-8-3 MQ2 氣體感測器

MQ 系列的感測器專門感測不同類型的氣體，如下表所示。

感測器名稱	氣體種類
MQ2	300~10000ppm 煙幕感應器（液化氧、丁烷、丙烷、甲烷、酒精、氫氣）
MQ3	0.05~10mg/L 酒精感測模組
MQ4	200~10000ppm 甲烷感測模組（甲烷、天然氣）
MQ5	200~10000ppm 天然氣感應器（液化石油氣、液化天然氣、異丁烷、丙烷、煤氣）
MQ6	200~10000ppm 液化石油氣感測模組（異丁烷、丙烷）
MQ7	20~2000ppm 一氧化碳感測模組
MQ8	100~10000ppm 氫氣感測模組
MQ9	100 to 10000ppm 可燃氣體感測模組（甲烷、丙烷）
MQ135	10~1000ppm 有害氣體感知器模組（氨、苯、酒精）
MQ136	1~200ppm 硫化氫感測模組（硫化氫 液化氣 煙霧）

為方便起見，建議讀者購買模組型的氣體感測器，也就是底部有個板子，板子上有一個可變電阻（通常藍色），並且除了 VCC 與 GND 接腳外，還有 AO（類比輸出）與 DO（數位輸出）腳共四根腳。

步驟與說明

1 先進行 MQ2 精準度校正。將 MQ2 的 VCC 接樹莓派 5V，GND 接樹莓派 GND，此時 MQ2 背面的電源指示燈會亮。由於這種氣體感測器需要預熱時間，因此等個 30 秒讓 MQ2 預熱完畢，然後用螺絲起旋轉可變電阻直到背後的感應指示燈亮起，然後再往回轉到感應指示燈熄滅。這時拿打火機對 MQ2 噴瓦斯（注意不是點火燒他，噴瓦斯就好），感應指示燈應該迅速亮起，如果反應太慢就再調整一下可變電阻直到一點點瓦斯就有反應為止。

2 如果要使用 MQ2 的類比訊號輸出，就將 MQ2 的 AO 接腳接到 MCP3008 的 CH0 到 CH7 任何一個接腳，然後不需要再接 10KΩ 電阻，程式參考光敏電阻的程式修改一下 channel 值即可。

3 如果要使用 MQ2 的數位訊號輸出，就將 MQ2 的 DO 接到接到樹莓派的任何一個 GPIO，然後程式碼跟按鈕一樣寫法。由於是 MQ2 是模組，因此不需要接上下拉電阻，也不需要啟動樹莓派內建的上下拉電阻，MQ2 模組已經內建「上拉電阻」了。因此，當 MQ2 感測到瓦斯時，DO 輸出低電位，平常時間是高電位。

4 執行看看。

2-8-4 其他感測器

雨滴感測器模組，對雨滴有反應，可用來偵測有沒有下雨。

土壤濕度感測器，能夠得知土壤濕度，想要讓家裡的盆栽不會在全家出國時渴死，就需要靠他了。土壤感測器基本上有兩種規格，建議買電容式的，雖然貴一點，但不容易氧化腐蝕。下圖為電阻式，優點是便宜，但缺點是感測頭非常容易腐蝕。

下圖為電容式土壤濕度感測器。

以上這些感測器買到的通常都是模組，因此使用方式跟 MQ2 氣體感測
器大同小異，有興趣的讀者請自行參考相關的類比感測器接線與程式寫
法。

2-9 MQTT

M QTT（Message Queuing Telemetry Transport）是一個在機器與機器之間的網路傳輸協定，根據 https://mqtt.org 官網說明：MQTT is a machine-to-machine (M2M)/"Internet of Things" connectivity protocol.

MQTT 是一個高階網路協定，他讓讓訊息傳輸變得很方便，又有很多的機制可以確保資料傳輸品質。MQTT 需要一個 MQTT Server，稱為 Broker，負責轉送訊息。Client 端有兩類，一類是發佈者（Publisher），負責發送訊息到特定主題，另一類則是訂閱者（Subscriber），訂閱特定主題的資料，架構如下：

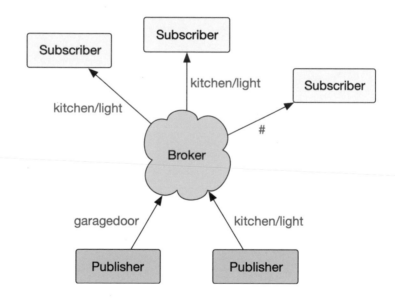

支援 MQTT 協定的軟體很多，這本書使用的是 mosquitto 這一套，官網網址為 https://mosquitto.org。安裝方式可由 apt-get 安裝或下載原始碼後編譯，使用 apt-get 安裝簡單快速，但缺點是可能裝的不是最新版，或是某些功能沒有開啟，因此建議自行編譯安裝。自行編譯程序雖然複雜，但照著步驟一步一步進行，也不算太困難。

若要使用 apt-get 安裝，指令如下：

```
$ sudo apt-get install mosquitto mosquitto-clients
```

2-9-1 原始碼編譯與安裝

步驟與說明

1 安裝編譯套件 cmake 與 build-essential。

```
$ sudo apt-get install cmake build-essential
```

2 安裝四個必須函數庫。

```
$ sudo apt-get install libc-ares-dev libssl-dev xsltproc
docbook-xsl
```

3 下載 cJSON 原始碼 https://github.com/DaveGamble/cJSON。解壓縮後使用 cd 指令進入原始碼資料夾，執行下列指令。

```
$ mkdir build
$ cd build
$ cmake ..
$ make -j4
$ sudo make install
```

4 下載 libwebsockets 原始碼 https://github.com/warmcat/libwebsockets。解壓縮後使用 cd 指令進入原始碼資料夾，執行下列指令。

```
$ mkdir build
$ cd build
$ cmake ..
$ make -j4
$ sudo make install
```

⑤ 以上為編譯 mosquitto 原始碼前的前置準備工作，接下來到 mosquitto 官網下載原始碼 https://mosquitto.org/。解壓縮後使用 cd 指令進入原始碼資料夾，執行下列指令，這裡 cmake 要加上開啟 WebSocket 功能的參數。

```
$ mkdir build
$ cd build
$ cmake -DWITH_WEBSOCKETS=yes ..
$ make -j4
$ sudo make install
$ sudo ldconfig
```

⑥ 以上若沒有任何錯誤發生，mosquitto 已經安裝完畢，接下來要開始設定。首先到 https://github.com/kirkchu/mosquitto2 下載 mosquitto.conf，此檔案需放到 /etc/mosquitto 資料夾中，此資料夾必須先自行建立。檔案內容如下，注意最後兩行中的兩個 mosquitto 資料夾也要自行建立。務必確認抓下來的檔案內容不是網頁，很多人會抓到 GitHub 的網頁。

```
listener 1883
protocol mqtt
listener 9001
protocol websockets

allow_anonymous true

pid_file /var/run/mosquitto/mosquitto.pid
persistence true
persistence_location /var/lib/mosquitto/
```

⑦ 新增 mosquitto 服務啟動時的專屬使用者。過程中除密碼外，其他資料可直接按 Enter 跳過。完成後會在 /etc/passwd 中新增 mosquitto 使用者，該使用者設定的權限極低。

```
$ sudo adduser --shell /usr/sbin/nologin --no-create-home
mosquitto
```

8 修改 /var/run/mosquitto 資料夾的擁有者，否則 mosquitto 服務啟動
會沒有權限將資料寫入這個資料夾中。

```
$ sudo chown mosquitto /var/run/mosquitto
```

9 現在要將 mosquitto 的 broker 變成服務了，這樣樹莓派重開機後
broker 會自動啟動。到 https://github.com/kirkchu/mosquitto2 下載
mosquitto.service，此檔案需放到 /etc/systemd/system/ 中，內容如
下。務必確認抓下來的檔案內容不是網頁。

```
[Unit]
Description=Mosquitto MQTT Broker daemon
ConditionPathExists=/etc/mosquitto/mosquitto.conf
After=network.target
Requires=network.target

[Service]
Type=forking
RemainAfterExit=no
StartLimitInterval=0
PIDFile=/var/run/mosquitto/mosquitto.pid
ExecStart=/bin/sh -c "mkdir /var/run/mosquitto; chown
mosquitto /var/run/mosquitto; /usr/local/sbin/mosquitto -c
/etc/mosquitto/mosquitto.conf -d"
ExecReload=/bin/kill -HUP $MAINPID
Restart=on-failure
RestartSec=2

[Install]
WantedBy=multi-user.target
```

10 啟動 mosquitto server（broker），指令如下。

```
$ sudo systemctl enable /etc/systemd/system/mosquitto.
service
$ sudo service mosquitto start
```

⑪ 狀態確認，下列指令執行後，必須看到綠色的「active (running)」才算成功。

```
$ service mosquitto status
```

```
● ● ●          ⬛ ckk — pi@gnu: ~ — ssh pi@gnu.local — 64×14
pi@gnu:~ $ service mosquitto status
● mosquitto.service – Mosquitto MQTT Broker daemon
     Loaded: loaded (/etc/systemd/system/mosquitto.service; enable
     Active: active (running) since Fri 2021-09-17 22:35:22 CST; 1
    Process: 494 ExecStart=/bin/sh -c mkdir /var/run/mosquitto; ch
   Main PID: 525 (mosquitto)
      Tasks: 1 (limit: 4915)
     CGroup: /system.slice/mosquitto.service
             └─525 /usr/local/sbin/mosquitto -c /etc/mosquitto/mos

Sep 17 22:35:21 gnu systemd[1]: Starting Mosquitto MQTT Broker d
Sep 17 22:35:22 gnu systemd[1]: Started Mosquitto MQTT Broker da
lines 1-11/11 (END)
```

⑫ 若狀態確認失敗，請重新確認之前的每一個步驟是否有誤，也可透過下列指令協助除錯。

```
$ mosquitto -c /etc/mosquitto/mosquitto.conf
```

2-9-2 發佈者與訂閱者指令

步驟與說明

① 開兩個終端機，一個當發佈者，另一個當訂閱者。

② 訂閱者訂閱 abc 這個主題。如果是 localhost，-h 參數可以省略。

```
$ mosquitto_sub -h localhost -t abc
```

③ 發佈者發佈訊息到 abc 這個主題上。

```
$ mosquitto_pub -h localhost -t abc -m "hello world"
```

④ 執行看看，訂閱者的終端機應該可以看到 hello world 字串。

2-9-3 PAHO

Paho 這是一套讓 Python 程式可以與 MQTT Broker 連線的函數庫。Paho 原始碼位於 https://github.com/eclipse/paho.mqtt.python。安裝方式由 pip 安裝即可。

步驟與說明

1 安裝。

```
$ pip3 install paho-mqtt
```

2 訂閱者程式碼範例。

```
import paho.mqtt.subscribe as subscribe

def received(client, userdata, message):
    print((message.topic, message.payload))

subscribe.callback(received, 'abc', hostname='localhost')
```

3 發佈者程式碼範例。

```
import paho.mqtt.publish as publish
publish.single('abc', 'hello world', hostname='localhost')
```

4 執行看看。

2-9-4 設定 Broker 帳密

Broker 目前是不需要帳號密碼就可以連上，若需要設定帳號密碼步驟如下。

步驟與說明

① 建立帳號。

```
$ sudo mosquitto_passwd /etc/mosquitto/passwd 帳號
```

② 編輯 mosquitto.conf 檔。

```
$ sudo vi /etc/mosquitto/mosquitto.conf
```

加上

```
# 載入帳密檔
password_file /etc/mosquitto/passwd
# 禁止匿名登入
allow_anonymous false
```

③ 重新啟動 server。

```
$ service mosquitto restart
```

④ 使用指令連線。注意參數「-P」為大寫。

- 訂閱者

```
$ mosquitto_sub -h localhost -t abc -u 帳號 -P 密碼
```

- 發佈者

```
$ mosquitto_pub -h localhost -t abc -u 帳號 -P 密碼 -m
"Hello, world!"
```

⑤ 使用 paho 程式連線。

- 訂閱者

```
subscribe.callback(
received,
    'abc',
    hostname='localhost',
    auth={'username': '帳號', 'password': '密碼'}
)
```

- 發佈者

```
publish.single(
    'abc',
    'hello world',
    hostname='localhost',
    auth={'username': '帳號', 'password': '密碼'}
)
```

2-9-5 Mosquitto 的 WebSocket

經由我們自行編譯原始碼安裝的 mosquitto 現在應該具有 WebSocket 功能了，我們寫個網頁來接收與發佈訊息看看。

步驟與說明

① 先寫個基本的網頁出來，檔名為 mqtt.html。這網頁有兩個功能，如果收到訂閱的訊息會顯示在 Hello World 的位置，以及使用者在文字框中輸入的字串 按下送出按鈕後會發佈到 MQTT Broker 上。

```
<html>
<head>
    <meta charset="utf-8">
</head>
<body>
    <div id="msg">Hello World</div>
    <input id="text"> <button id="send">送出</button>
```

```
</body>
</html>
```

② 參考 cloudmqtt 說明文件（https://www.cloudmqtt.com/docs/websocket.html），網頁上有連結可以下載 Paho 的 JavaScript library，或是要使用 CDN 方式遠端載入也可以，網址在網站上都找的到。

③ 將 cloudmqtt 網頁上範例程式的第一行複製貼上到我們網頁 <head></head> 標籤中，第二行到最後一行存檔成 mqtt.js，然後將 mqtt.js 中的第一行與最後一行 <script> 與 </script> 標籤刪除，.js 檔案中不可以包含 html 標籤，存檔後將 mqtt.js 放到跟我們網頁同一個目錄下。修改我們的網頁內容為：

```
<html>
<head>
    <meta charset="utf-8">
    <script src="mqttws31.js" type="text/javascript"></script>
    <script src="mqtt.js" type="text/javascript"></script>
</head>
<body>
    <div id="msg">Hello World</div>
    <input id="text"> <button id="send">送出</button>
</body>
</html>
```

mqtt.js 的內容如下，這裡直接複製貼上 cloudmqtt 網站範例，只把頭尾的 <script> 標籤移除，其他隻字未改。

```javascript
// Create a client instance
client = new Paho.MQTT.Client("host", port,"client_id");
//Example client = new Paho.MQTT.Client("m11.cloudmqtt.
com", 32903, "web_" + parseInt(Math.random() * 100, 10));

// set callback handlers
client.onConnectionLost = onConnectionLost;
client.onMessageArrived = onMessageArrived;
var options = {
  useSSL: true,
  userName: "username",
  password: "password",
  onSuccess:onConnect,
  onFailure:doFail
}

// connect the client
client.connect(options);

// called when the client connects
function onConnect() {
  // Once a connection has been made, make a subscription
and send a message.
  console.log("onConnect");
  client.subscribe("/cloudmqtt");
  message = new Paho.MQTT.Message("Hello CloudMQTT");
  message.destinationName = "/cloudmqtt";
  client.send(message);
}

function doFail(e){
  console.log(e);
}

// called when the client loses its connection
function onConnectionLost(responseObject) {
  if (responseObject.errorCode !== 0) {
    console.log("onConnectionLost:"+responseObject.
errorMessage);
  }
}
```

```
// called when a message arrives
function onMessageArrived(message) {
  console.log("onMessageArrived:"+message.payloadString);
}
```

④ 修改 mqtt.js 的第二行連線函數中相關的參數。第一個參數為 Broker 所在的 IP（例如樹莓派 IP），第二個參數 9001 為 WebSocket 埠號，請見 /etc/mosquitto/mosquitto.conf 中的設定，第三個參數要注意，對同一個 Broker 而言，所有連線的 client id 不可重複。

```
client = new Paho.MQTT.Client("raspberrypi.local", 9001,
"client_id");
```

⑤ 修改 options。如果 Broker 需要帳密，就設定一下，如果不用就註解掉。如果沒有使用加密協定，useSSL 改為 false。

```
var options = {
  useSSL: false,
//   userName: "username",
//   password: "password",
  onSuccess:onConnect,
  onFailure:doFail
}
```

⑥ 修改 onConnect() 函數。函數 subscribe() 中的參數為訂閱者主題，改成我們自己的，例如 "aaa"。最後三行先註解起來，那是發佈訊息用的。

```
function onConnect() {
  console.log("onConnect");
  client.subscribe("aaa");
//   message = new Paho.MQTT.Message("Hello CloudMQTT");
//   message.destinationName = "/cloudmqtt";
//   client.send(message);
}
```

7 自行增加一個發佈訊息用的函數,把上一步註解掉的三行搬過來,並且將發佈主題改成我們自己的,例如 "bbb"。

```javascript
function send(text) {
  message = new Paho.MQTT.Message(text);
  message.destinationName = "bbb";
  client.send(message);
}
```

8 修改 onMessageArrived(),這是收到訊息後會呼叫的函數,在這裡把收到的訊息顯示到網頁上。

```javascript
function onMessageArrived(message) {
  document.getElementById("msg").innerHTML = message.
payloadString;
}
```

9 最後在 mqtt.js 中註冊送出按鈕按下去後的 callback 函數,放在 mqtt.js 最後面即可。

```javascript
window.addEventListener("load", function() {
    var bn = document.getElementById("send");
    bn.addEventListener("click", function() {
        send(document.getElementById("text").value);
    });
});
```

10 重新整理網頁,並且在樹莓派上訂閱 "bbb" 這個主題,然後在網頁的文字框中輸入一個字串後按下送出按鈕,樹莓派上的訂閱者應該收到這個字串了。

⑪ 若發佈者發佈訊息到主題 "aaa"，網頁也會立刻收到這個訊息，試試看。

補/充/說/明

1. 如果運作不正常，請開啟瀏覽器的除錯視窗，看一下問題出在哪裡。

2. cloudmqtt.com 網站提供了雲端 Broker 服務，如果您有跨網段使用 MQTT 連線的需求，又不想自己設定路由，可以考慮這個網站。

2-10 Web 與 CGI

想 要透過瀏覽器或是 WebAPI 來遠端控制樹莓派上的感測器就必須透過 CGI 程式或是使用 WebSocket 技術，由於這一章跟網頁技術息息相關，建議讀者先有網頁基礎知識再來看這一章會比較適合。

所謂的 CGI，全名是 Common Gateway Interface，是在 Web Server 端由 Web Server 來啟動並執行的應用程式。由於 CGI 程式是由 Web Server 執行的，因此 CGI 程式的所需要的資料是由 Web Server 提供，而 CGI 程式的輸出就會經由 Web Server 而到瀏覽器或是前端應用程式上了。任何一個語言都可以寫 CGI 程式，只要寫出來的程式可以變成執行檔即可。

為什麼透過瀏覽器控制感測器需要 CGI 程式呢？原因在於 Web Server 端執行的程式，例如 PHP、JSP…等這些網頁後端語言，他們沒有與 GPIO 交換資料的能力，因此我們需要把我們之前寫好的各種 GPIO 程式變成 CGI，這樣就可以透過網頁來控制各種感測器了。

由於 CGI 程式是由 Web Server 執行的，因此在樹莓派上必須安裝一個 Web Server。Web Server 的種類非常多，商業使用建議安裝 Apache，個人或課堂練習使用就什麼都不用裝了，用 Python 內建的就好，當然這種簡易型的 Web Server 在多人使用時的效率自然比不上 Apache。不過我們的重點在於 CGI 而不是研究 Web Server，所以無所謂。

2-10-1 CGI

步驟與說明

1 在樹莓派的 Home Directory 下建立名稱為 cgi-bin 的資料夾，cgi-bin 是規定的名稱不可以更改。

```
$ mkdir ~/cgi-bin
```

2 將點亮 LED 燈的 Python 程式（例如 ledon.py）放到 cgi-bin 資料夾中，內容稍微修改一下符合 CGI 規範。規範只有兩個：（一）由於要變成執行檔，因此第一行指定解譯器；（二）在標準輸出之前，必須輸出 content-type: text/html 後再連續換兩行，才能輸出網頁上看到的內容。

函數 print 預設已經自帶了一個換行，所以只要再多執行一次 print() 即可產生兩個換行，或是在 text/html 後加上 \n 也可以。

```
#!/usr/bin/python3
import RPi.GPIO as GPIO

pinLED = 21
GPIO.setmode(GPIO.BCM)
GPIO.setup(pinLED, GPIO.OUT)
GPIO.output(pinLED, 1)

# CGI 規定在標準輸出之前必須先輸出這兩行
print('content-type: text/html')
print()

# 網頁上看到的內容
print('led on')
```

3 將 ledon.py 變成執行檔。

```
$ chmod 755 ledon.py
```

④ 在 Home Directory 目錄下啟動 Python 3 的 Web Server。

```
$ cd ~
$ python3 -m http.server --cgi
```

⑤ 在電腦上開啟瀏覽器，輸入樹莓派網址。注意：電腦與樹莓派必須在同一個網段，跨網段需要路由相關設定，不在本書討論範圍。

```
http://raspberrypi.local:8000/cgi-bin/ledon.py
```

⑥ 執行看看，樹莓派上的 LED 應該亮了。

補/充/說/明

要把 led 關掉，就再寫一個 ledoff.py 的 CGI 程式，然後裡面將 GPIO21 輸出 0 即可。

2-10-2 在 CGI 中取得網址列參數

若 CGI 程式中要知道網址列後面的參數，例如透過參數 on 來決定 led 亮還是滅。

```
http://raspberrypi.local:8000/cgi-bin/led.py?on=1
http://raspberrypi.local:8000/cgi-bin/led.py?on=0
```

在 led.py 中的程式碼為：

```
#!/usr/bin/python3
import RPi.GPIO as GPIO
import cgi

form = cgi.FieldStorage()
isOn = int(form.getvalue('on'))

pinLED = 21
GPIO.setmode(GPIO.BCM)
```

```
GPIO.setup(pinLED, GPIO.OUT)
GPIO.output(pinLED, isOn)

print('content-type:text/html')
print()

print('led is {}'.format('ON' if isOn else 'OFF'))
```

2-10-3 CGI 主動送資料

前述的單元都是使用者在瀏覽器端送出一個 http 要求後，server 根據要求來執行 CGI 程式後回應適當的網頁內容。但如果 CGI 要主動的送出訊息給網頁端呢？例如當樹莓派上的按鈕按下去後，瀏覽器可以立即得知按鈕被按了，或是紅外線人體移動感應被觸發時，會將訊息立即的送到瀏覽器端，這就不是單純靠瀏覽器發出 http 要求可以做到的。雖然現在的主流技術是使用 WebSocket 來完成，但 WebSocket 需要較多的環境設定，並且還需要架設一個 WebSocket Server，雖然效能以及使用者體驗都不錯，但就是需要許多額外的工作包含程式碼改寫。

我們來看看在 WebSocket 技術誕生之前的主流技術，Long Pulling（長輪詢）技術。有時一些簡單的系統，使用長輪詢就可以了，倒也不一定要使用到 WebSocket 這麼大的工程。

步驟與說明

1 在樹莓派端的麵包板上放一個按鈕，打算按下去後改變網頁內容。

2 改寫按鈕的 GPIO 程式，存檔檔名為 button.py 放在 cgi-bin 目錄下。使用邊緣偵測的中斷技術，5 秒之內如果按鈕按下去，CGI 會立刻送出字串 1，若逾時則會送出字串 0，然後 CGI 程式結束。記得這個 Python 程式要 chmod 755。

```
#!/usr/bin/python3
import RPi.GPIO as GPIO
```

```
pinBN = 4
GPIO.setmode(GPIO.BCM)
GPIO.setup(pinBN, GPIO.IN, pull_up_down=GPIO.PUD_UP)
ret = GPIO.wait_for_edge(pinBN, GPIO.BOTH, timeout=5000)

print('content-type: text/html')
print()
print('0' if ret is None else '1')
```

3 在網頁前端使用 AJAX 技術呼叫 CGI 程式，為簡化程式碼，這裡使用 jQuery 的 AJAX 寫法。網頁請放在樹莓派的 Home Directory，網頁檔名為 index.html。

```html
<html>
<head>
<meta charset="utf-8">
<script src="https://code.jquery.com/jquery-3.4.0.min.
.js"></script>
<script>
$(function() {
    checkButton();
});

function checkButton() {
    $( "#status" ).html( "未按" );
    $.ajax({
        url: "cgi-bin/button.py",
        success: function( result ) {
            if (parseInt(result) == 1) {
                $( "#status" ).html( "按下" );
                setTimeout(checkButton, 3000);
            } else {
                setTimeout(checkButton, 1);
            }
        }
    });
}
</script>
</head>
<body>
```

按鈕狀態為：<span id="status"></span>
</body>
</html>

4 啟動 Python 3 的 Web Server。

```
$ cd ~
$ python3 -m http.server --cgi
```

5 瀏覽器網址為第 3 步的網頁。

```
http://raspberrypi.local/index.html
```

6 執行看看。

補/充/說/明

正式系統可將第 2 步中的逾時時間 5000 毫秒改為 20 分鐘，這樣就達
到長輪詢的效果了。

2-11 攝影機

樹 莓派攝影機可以使用 USB 介面的攝影機,或是使用軟排線接專門的攝影機模組,接法如下圖,注意軟排線的金屬面需朝 SD 卡插槽方向,軟排線插到底後將塑膠壓板壓緊即可。

官方 800 萬畫素的攝影機有兩種規格,有標示 NoIR 的版本表示鏡頭上沒有濾紅外光功能,也就是晚上可以使用紅外線光源當夜間監視器,但這一種鏡頭在白天讓畫面偏紅色,因為有紅外光的關係。另一種版本則是將紅外光濾掉,因此白天的色調是正常的,但夜間無法使用紅外線當輔助光源。當然還有一些非官方的鏡頭也可以使用。

使用軟排線的鏡頭必須將樹莓派的攝影機功能打開，開啟終端機後執行 sudo raspi-config 後在 Interfacing Options 選項內把 Camera 功能打開，然後重開機。再登入後檢查 /dev 目錄下是否存在 video0 這個檔案，如果不存在，執行 sudo modprobe bcm2835-v4l2。

拍張照片測試看看攝影機是否正常運作，這個指令會在 2 秒鐘後讓攝影機拍張照並存檔為 image.jpg。

```
$ raspistill -t 2000 -o image.jpg
```

樹莓派內建的看圖軟體為 gpicview，如看的到攝影機拍攝的畫面就代表攝影機可以正常運作了。

```
$ gpicview image.jpg
```

若要使用 Python 程式來開啟攝影機並存檔，除 OpenCV 外，還可以使用 PiCamera 這套函數庫。試試以下程式碼。

```python
from picamera import PiCamera
import time
camera = PiCamera()
time.sleep(3)
camera.capture('image.jpg')
```

若執行後找不到 PiCamera 模組，請先安裝。

```
$ sudo apt-get install python-picamera python3-picamera
```

若您對 PiCamera 這套函數庫有興趣，官方文件網址為 https://picamera.readthedocs.io。

OpenCV 3

3-1 安裝

O penCV 的安裝方式大略來說可以分為兩種：一、透過 Python 的 pip 指令安裝已經編譯好的函數庫；二、下載原始碼後自行編譯 並安裝。若使用第一種方式安裝很容易，但完成安裝後的 OpenCV 並 不包含付費的專利演算法以及只支援 Python 語言，因此雖然安裝簡單 但是缺了一些功能。此種安裝方式指令如下：

```
$ pip3 install opencv-contrib-python
```

這種安裝方式的好處是在 Windows 或是 macOS 上也可以順利安裝， 並且可以執行 OpenCV 中允許免費使用的函數庫。但若要使用到專利 演算法（商業使用需付費），或是想要用 C 語言開發相關程式的話就必 須自行編譯原始碼。在樹莓派這種 Linux 作業系統上編譯原始碼是比 較容易進行的，因為編譯過程中所需要的函數庫在 Linux 上很容易找 到與安裝，因此，本單元將在樹莓派上進行編譯。

完整的 OpenCV 安裝必須下載原始碼後自行編譯，為了讓編譯成功， 必須先安裝一些需要的軟體與函數庫。樹莓派建議使用最新硬體版本 （例如 4B、3B+ 或 3A+）以及 16G 以上的 SD 卡。

步驟與說明

① 為避免編譯到一半出現記憶體不足的錯誤，建議先調整置換 記憶體大小為 2GB。開啟 dphys-swapfile，並將參數 CONF_ SWAPSIZE=100 改為 2048。

```
$ sudo vi /etc/dphys-swapfile
```

② 修改完畢後重新啟動 swapfile 系統服務程式，然後可用 htop 指令 察看 swap size 是否增加到 2048M。

```
$ sudo /etc/init.d/dphys-swapfile stop
$ sudo /etc/init.d/dphys-swapfile start
```

補/充/說/明

待 OpenCV 編譯與安裝完後，若 SD 卡空間充足，建議 swap size 就維持 2048MB 就好，虛擬記憶體大一點沒有什麼壞處。

③ 安裝編譯過程所需要的套件與函數庫。

- 安裝編譯套件

```
$ sudo apt-get install build-essential cmake
```

- 安裝圖片套件

```
$ sudo apt-get install libjpeg-dev libpng-dev libtiff5-dev
libjasper-dev
```

- 安裝影片套件

```
$ sudo apt-get install libavcodec-dev libavformat-dev
libswscale-dev libv4l-dev
$ sudo apt-get install libxvidcore-dev libx264-dev
```

- 安裝 GTK 套件

```
$ sudo apt-get install libgtk-3-dev libcanberra-gtk*
```

- 最佳化套件

```
$ sudo apt-get install libatlas-base-dev gfortran
```

- 樹莓派加裝

```
$ sudo apt-get install at-spi2-core
```

● 安裝 Python 開發套件

```
$ sudo apt-get install python-dev python3-dev
```

● 若電腦未安裝 numpy 函數庫，安裝

```
$ pip install numpy
$ pip3 install numpy
```

④ 至此相關的套件與函數庫已安裝完畢，過程請務必確認是否有錯誤訊息而導致安裝失敗。接下來要到 github 下載 opencv 與 opencv_contrib 原始碼，抓下來的原始碼建議放到 opencv 這個目錄下。

```
$ mkdir opencv
$ cd opencv
$ wget https://github.com/opencv/opencv/archive/master.zip
$ wget https://github.com/opencv/opencv_contrib/archive/
master.zip
```

⑤ 使用 unzip 指令解開兩個 zip 檔後，在 opencv-master 目錄中建立編譯所需要的目錄 build。

```
$ cd opencv-master
$ mkdir build
$ cd build
```

⑥ 執行 cmake。注意最後需要加上「..」代表參數結束，然後按下 enter 就開始跑囉。

```
$ cmake -D CMAKE_BUILD_TYPE=RELEASE \
    -D CMAKE_INSTALL_PREFIX=/usr/local \
    -D OPENCV_EXTRA_MODULES_PATH=../../opencv_contrib-
master/modules \
    -D ENABLE_NEON=ON \
    -D ENABLE_VFPV3=ON \
    -D WITH_TBB=ON \
    -D WITH_OPENMP=ON \
```

```
-D BUILD_TESTS=OFF \
-D OPENCV_ENABLE_NONFREE=ON \
-D INSTALL_PYTHON_EXAMPLES=OFF \
-D BUILD_EXAMPLES=OFF \
-D OPENCV_EXTRA_EXE_LINKER_FLAGS=-latomic \
-D PYTHON3_EXECUTABLE=/usr/bin/python3 \
-D PYTHON_EXECUTABLE=/usr/bin/python \
..
```

補/充/說/明

若打算在樹莓派 zero 上編譯 OpenCV，請移除 ENABLE_NEON 與 ENABLE_VFPV3 這兩個參數。除此之外，使用 zero 來編譯 OpenCV 必須有心理準備，編譯時間將超過 20 個小時，且之後的執行效能也遠低於 3B 或 3B+。

7 cmake 執行結束後的訊息需檢查兩個地方，首先先檢查 Non-free algorithms 是否為 YES，如下圖：

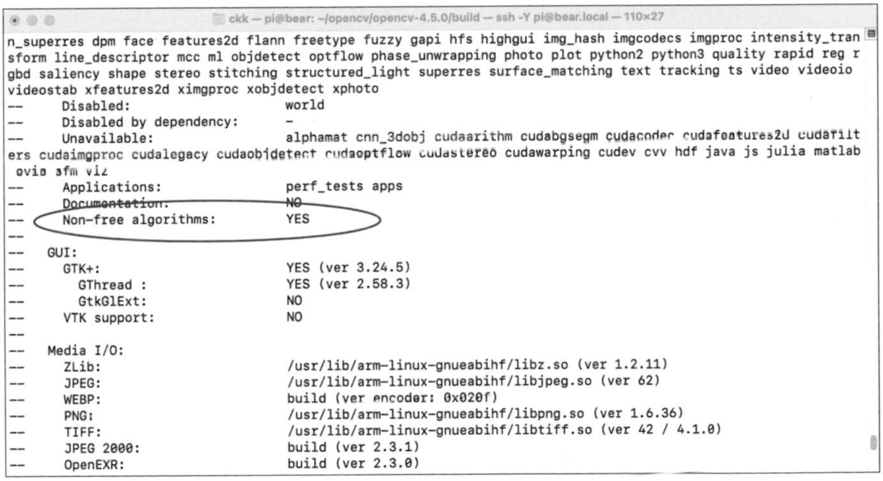

```
ckk — pi@bear: ~/opencv/opencv-4.5.0/build — ssh -Y pi@bear.local — 110×27
n_superres dpm face features2d flann freetype fuzzy gapi hfs highgui img_hash imgcodecs imgproc intensity_tran
sform line_descriptor mcc ml objdetect optflow phase_unwrapping photo plot python2 python3 quality rapid reg r
gbd saliency shape stereo stitching structured_light superres surface_matching text tracking ts video videoio
videostab xfeatures2d ximgproc xobjdetect xphoto
--    Disabled:                world
--    Disabled by dependency:  -
--    Unavailable:             alphamat cnn_3dobj cudaarithm cudabgsegm cudacodec cudafeatures2d cudafilt
ers cudaimgproc cudalegacy cudaobjdetect cudaoptflow cudastereo cudawarping cudev cvv hdf java js julia matlab
 ovis sfm viz
--    Applications:            perf_tests apps
--    Documentation:           NO
--    Non-free algorithms:     YES
--
--  GUI:
--    GTK+:                    YES (ver 3.24.5)
--      GThread :              YES (ver 2.58.3)
--      GtkGlExt:              NO
--    VTK support:             NO
--
--  Media I/O:
--    ZLib:                    /usr/lib/arm-linux-gnueabihf/libz.so (ver 1.2.11)
--    JPEG:                    /usr/lib/arm-linux-gnueabihf/libjpeg.so (ver 62)
--    WEBP:                    build (ver encoder: 0x020f)
--    PNG:                     /usr/lib/arm-linux-gnueabihf/libpng.so (ver 1.6.36)
--    TIFF:                    /usr/lib/arm-linux-gnueabihf/libtiff.so (ver 42 / 4.1.0)
--    JPEG 2000:               build (ver 2.3.1)
--    OpenEXR:                 build (ver 2.3.0)
```

8 再來確認 Python 2 與 Python 3 這個區段是否存在（內容不重要，應該不會有錯，檢查重點是這個區段是否存在），以及最後是否有 error 的錯誤訊息。

```
‍‍‍ ‍●  ‍●  ‍●           ckk — pi@bear: ~/opencv/opencv-4.5.0/build — ssh -Y pi@bear.local — 110×31
--   OpenCL:                      YES (no extra features)
--     Include path:             /home/pi/opencv/opencv-4.5.0/3rdparty/include/opencl/1.2
--     Link libraries:           Dynamic load
--
--   Python 2:
--     Interpreter:              /usr/bin/python (ver 2.7.16)
--     Libraries:                /usr/lib/arm-linux-gnueabihf/libpython2.7.so (ver 2.7.16)
--     numpy:                    /usr/lib/python2.7/dist-packages/numpy/core/include (ver 1.16.2)
--     install path:             lib/python2.7/dist-packages/cv2/python-2.7
--
--   Python 3:
--     Interpreter:              /usr/bin/python3 (ver 3.7.3)
--     Libraries:                /usr/lib/arm-linux-gnueabihf/libpython3.7m.so (ver 3.7.3)
--     numpy:                    /usr/lib/python3/dist-packages/numpy/core/include (ver 1.16.2)
--     install path:             lib/python3.7/dist-packages/cv2/python-3.7
--
--   Python (for build):        /usr/bin/python
--
--   Java:
--     ant:                      NO
--     JNI:                      NO
--     Java wrappers:            NO
--     Java tests:               NO
--
--   Install to:                /usr/local
-- -----------------------------------------------------------------
--
-- Configuring done
-- Generating done
-- Build files have been written to: /home/pi/opencv/opencv-4.5.0/build
pi@bear:~/opencv/opencv-4.5.0/build $
```

9 現在萬事俱備只欠東風了，請在 build 目錄下執行編譯指令（-j4 代表使用 4 核心 CPU 編譯。樹莓派除 zero 為單核心外，其餘為 4 核心）。編譯所需時間在 4B 約 50 分鐘，3B+ 將近 2 小時，zero 可以放上一整天。

```
$ make -j4
```

10 若編譯結果無錯誤發生，就可以安裝了。

```
$ sudo make install
$ sudo ldconfig
$ cd python_loader
$ sudo python setup.py install
$ sudo python3 setup.py install
$ cd
```

⑪ 來吧，測試看看是否能正常載入 **cv2** 模組。YES，灑花啦！！

```
$ python3
>>> import cv2
>>> cv2.__version__
'4.5.0'
```

補/充/說/明

注意在測試時，執行 python3 的目錄不可以在 python_loader 裡面，否則會出現匯入 cv2 錯誤。

3-2 顯示攝影機影像與儲存影像

透過 OpenCV 開啟攝影機並且從攝影機讀取影像資料然後顯示在螢幕上。這是 OpenCV 最基礎的程式，之後很多的專案都會架構在這個基礎程式碼之上，算是 OpenCV 中最為重要的一段程式。

3-2-1 顯示影像

步驟與說明

1 匯入函數庫。

```
import cv2
```

2 由於之後會透過一個無窮迴圈來不斷的讀取攝影機資料，因此程式必須提供使用者一個結束迴圈也就是結束程式的方式。我們打算讓使用者按鍵盤 ESC 鍵來結束迴圈，因此，這裡將 ESC 鍵 ASCII 碼 27 指定給 ESC 變數。

```
ESC = 27
```

3 namedWindow() 函數用來設定之後 OpenCV 顯示攝影機畫面的視窗是否可被使用者調整大小，預設是不可以改變大小的，也就是說，如果攝影機取得的畫面解析度大於螢幕，使用者就只能看到部分畫面而已。namedWindow() 的第一個參數是告訴 OpenCV 哪一個名字的視窗需要套用後方的參數，以下述程式碼為例，cv2.WINDOW_NORMAL 這個參數要套用到名稱為 frame 的視窗。WINDOW_NORMAL 可以讓使用者改變視窗大小，另一個參數 WINDOW_AUTOSIZE 則不行，而 WINDOW_AUTOSIZE 也是預設值。

```
cv2.namedWindow('frame', cv2.WINDOW_NORMAL)
```

④ 開啟攝影機，並且使用 CAP_PROP_FRAME_WIDTH 與 CAP_
PROP_FRAME_HEIGHT 取得攝影機影像的長度與寬度，單位為
pixel。跟據長度與寬度計算攝影機影像的長寬比，如果之後需要
調整影像大小時應該要等比例地縮放原始影像。VideoCapture() 中
的參數 0 代表電腦上的第一台攝影機。

```
cap = cv2.VideoCapture(0)
ratio = cap.get(cv2.CAP_PROP_FRAME_WIDTH) / \
        cap.get(cv2.CAP_PROP_FRAME_HEIGHT)
WIDTH = 600
HEIGHT = int(WIDTH / ratio)
```

⑤ 開啟攝影機後，使用 read() 函數來取得攝影機的一個畫面，如果成
功取得影像，變數 ret 會得到 True，否則為 False。將取得的影像
資料存放在變數 frame 中。由於樹莓派 CPU 的運算效能不是非常
高，因此適當的降低解析度可以提升 FPS 值（frame per second）。
使用 resize() 來改變影像解析度。函數 flip() 可將影像鏡像處理，
參數 1 是左右鏡像。使用左右鏡像的原因在於攝影機回來的原始
資料會跟看到的剛好左右相反，例如舉右手時，看到的影像會是
左手邊的那隻手舉起，這與平常我們照鏡子的經驗不合，因此
使用 flip() 左右鏡像一下。處理完的影像資料使用 imshow() 顯示
到名稱為 'frame' 的視窗上，若目前螢幕還沒有這個視窗開啟，
OpenCV 會自動開啟他，如果已經開啟了就會更新該視窗的內容。
最後，使用 waitKey(1) 這個函數等待 1 毫秒，看看使用者是否在
這 1 毫秒的時間內按下鍵盤上的 ESC 鍵，如果如果超過 1 毫秒沒
有按 ESC，則繼續跑下一輪的迴圈，如果按了 ESC 就關閉所有
OpenCV 開起來的視窗並跳離迴圈，程式結束。

⑥

```
while True:
    ret, frame = cap.read()
    frame = cv2.resize(frame, (WIDTH, HEIGHT))
    frame = cv2.flip(frame, 1)

    cv2.imshow('frame', frame)
```

```
if cv2.waitKey(1) == ESC:
    cv2.destroyAllWindows()
    break
```

補/充/說/明

放在變數 frame 中的影像資料為 numpy 的陣列結構。以一個寬度為 4pixel，高度為 3pixel 的黑色背景圖片，並從左上角到右下角畫一條橘色 BGR＝(3,140,255) 直線為例，如果我們將這個陣列使用 print() 函數印出來，可以看到如下的輸出結果：

```
● ● ●                    桌面 — -zsh — 47×16
ckk@frontier Desktop % python3 simple_image.py
[[[   3 140 255]
  [   0   0   0]
  [   0   0   0]
  [   0   0   0]]

 [[   0   0   0]
  [   3 140 255]
  [   3 140 255]
  [   0   0   0]]

 [[   0   0   0]
  [   0   0   0]
  [   0   0   0]
  [   3 140 255]]]
ckk@frontier Desktop %
```

陣列最內層的數字表示這個圖片為三通道的彩色圖片，因此每一個像素有三個範圍為 0~255 的顏色值，分別為 B 藍色，G 綠色與 R 紅色。不論影像來源格式為何，經由 VideoCapture() 或是 imread() 函數讀取後，均會轉換成這種 numpy 陣列格式，之後的許多運算幾乎都是由 numpy 負責處理。由於 numpy 底層由 C 語言撰寫而成，因此處理速度比 python 快非常多，尤其在矩陣（陣列）運算上，這也就是為什麼 OpenCV 會用到 numpy 函數庫的主要原因。

⑦ 執行看看。

│補/充/說/明│

如果想要計算 FPS，可以簡單地透過以下程式碼做到。

```
import cv2
import time

ESC = 27
cap = cv2.VideoCapture(0)

while True:
    begin_time = time.time()
    ret, frame = cap.read()
    cv2.imshow('frame', frame)

    fps = 1 / (time.time() - begin_time)
    print('{:.1f}'.format(fps))
    if cv2.waitKey(1) == ESC:
        break
```

3-2-2 儲存影像

步驟與說明

① 匯入函數庫並開啟攝影機。

```
import cv2

ESC = 27
cap = cv2.VideoCapture(0)
ratio = cap.get(cv2.CAP_PROP_FRAME_WIDTH) / \
        cap.get(cv2.CAP_PROP_FRAME_HEIGHT)
WIDTH = 400
HEIGHT = int(WIDTH / ratio)
```

② 透過 fourcc 定義的編碼代號 **MP4V** 來設定輸出的影像編碼為 **MPEG-4**，當然還有許多其他的編碼格式，有需求的讀者請自行從 https://www.fourcc.org 網站尋找代號。 參數 30 代表儲存的影像 FPS 要求為 30。

```
fourcc = cv2.VideoWriter_fourcc(*'MP4V')
out = cv2.VideoWriter('video.mp4', forucc, 30, (WIDTH,
HEIGHT))
```

③ 讀取影像後儲存起來。

```
while True:
    ret, frame = cap.read()
    frame = cv2.resize(frame, (WIDTH, HEIGHT))
    frame = cv2.flip(frame, 1)

    # 影像大小必須與設定一致，否則會輸出失敗
    out.write(frame)

    cv2.imshow('frame', frame)
    if cv2.waitKey(1) == ESC:
        cv2.destroyAllWindows()
        break
```

④ 執行看看。

3-3 讀取圖檔與存檔

OpenCV 支援許多常見的圖檔格式，如下。有些圖檔需要特定的 library 才能讀取，例如 JPEG2000 需要 libjasper-dev，如果執行過程中遇到某些檔案開不起來的錯誤訊息時，再用 apt-get 安裝需要的 library 就好了。

- Windows bitmaps - *.bmp, *.dib

- JPEG files - *.jpeg, *.jpg, *.jpe

- JPEG 2000 files - *.jp2

- Portable Network Graphics - *.png

- WebP - *.webp

- Portable image format - *.pbm, *.pgm, *.ppm *.pxm, *.pnm

- PFM files - *.pfm

- Sun rasters - *.sr, *.ras

- TIFF files - *.tiff, *.tif

- OpenEXR Image files - *.exr

- Radiance HDR - *.hdr, *.pic

- Raster and Vector geospatial data supported by GDAL

3-3-1 讀取圖檔

步驟與說明

1 準備一張圖檔，用灰階方式開啟並且顯示到螢幕上。waitKey(0)
代表程式會停在這邊等使用者按「任何鍵」繼續。使用灰階方式
開啟一張具有三個顏色通道的彩色圖片後，三個通道會變成一個
通道，因此圖片顏色轉成灰階。若原本是一個通道的灰階圖片，
用三個通道的彩色參數開啟，即便通道數變為三，但顏色還是灰
階，此時三個通道的顏色值是一樣的。

```python
import cv2

frame = cv2.imread('demo.jpeg', cv2.IMREAD_GRAYSCALE)
cv2.imshow('image', frame)

cv2.waitKey(0)
cv2.destroyAllWindows()
```

補/充/說/明

> 參數 IMREAD_GRAYSCALE 代表用灰階方式開啟圖檔，也可以使用數
> 字 0 來代替這麼長的參數名稱。這個位置有幾個常用的選項可以選擇，
> 如下表：

參數名稱	說明	代表值
IMREAD_UNCHANGED	不改變原本圖片中的顏色通道，包含 alpha 通道。	-1
IMREAD_GRAYSCALE	改為單一通道的灰階圖片。	0
IMREAD_COLOR	改為 BGR 三通道顏色。(預設值)	1

2 執行看看。

3-3-2 存檔

步驟與說明

1 存檔使用 imwrite() 函數。其中 time.sleep(3) 的目的是為了讓攝影機能夠有時間調整曝光、焦距、白平衡等，不然一開啟攝影機就立刻讀取資料並存檔的話，往往儲存的圖片內容品質很糟糕甚至是全黑的，所以先等個 3 秒鐘左右讓攝影機根據環境調整到最適合的狀態。存檔時 OpenCV 會依據副檔名自動調整存檔的圖片格式，例如副檔名為 jpeg 或 jpg 時，圖片格式就是 jpeg 格式。

```
import cv2, time

cap = cv2.VideoCapture(0)
time.sleep(3)

ret, frame = cap.read()
if ret:
    cv2.imwrite("image.jpeg", frame)
else:
    print('讀取影像失敗')
```

2 執行看看。

3-4 2D 繪圖

我們經常需要在 OpenCV 開起來的視窗上繪圖,例如用矩型框出偵測出來的人臉的範圍,或是沿著硬幣邊緣畫出一個圓形,或是在畫面上顯示特定的字串…等。我們可以將圖形畫在從攝影機取得的影像上,也可以將圖形畫在一個我們創造出來的空白畫布上。這個單元會以一個空白畫布當範例,說明常見的繪圖函數用法。

3-4-1 建立畫布

步驟與說明

1 使用 numpy 套件中的 zeros() 函數建立 512 x 512 大小的矩陣,矩陣中每個元素可放置 3 個整數數字。512 x 512 就是畫布的高度與寬度,單位為 pixel,並且每一個 pixel 具有 BGR 三個顏色通道。由於 BGR 的每個顏色範圍為 0 到 255 整數,因此使用 dtype=np.uint8 將資料型態改為 unsigned integer,否則預設為 float。最後使用 fill() 函數將這個矩陣全部填入 255,意思是底色為白色的畫布。

```
import cv2
import numpy as np

gc = np.zeros((512, 512, 3), dtype=np.uint8)
gc.fill(255)
```

> **補/充/說/明**
>
> 若要將畫布換成別的顏色,可將 gc.fill(255) 改成以下程式碼。注意三個顏色順序為 BGR。
>
> ```
> gc[:] = [48, 213, 254]
> ```

② 執行看看。

np.zeros() 建立的陣列格式與 cv2.VideoCapture() 讀取影像或是 imread() 讀取一張圖片傳回來的陣列格式一樣（請參考 3-1 顯示攝影機影像），因此只要將「畫布」（就是變數 gc）換成 VideoCapture() 或是 imread() 回來的資料（例如變數 frame），就可以在影像或是圖片上畫圖或寫字了。

3-4-2 直線

語法：cv2.line (畫布 , 開始座標 , 結束座標 , 顏色 , 線條寬度)

步驟與說明

① 畫布的原點座標 (0, 0) 位於畫布的左上角，然後在畫布上從座標位置 (10, 50) 畫一條寬度為 5px 的藍色線條到座標 (400, 300) 的位置，程式如下，其中 (255, 0, 0) 代表的就是藍色。

```
cv2.line(gc, (10, 50), (400, 300), (255, 0, 0), 5)
```

② 然後將這個畫了線條的畫布顯示出來即可。

```
cv2.imshow('draw', gc)
```

③ 按任何鍵結束這個程式。

```
cv2.waitKey(0)
cv2.destroyAllWindows()
```

④ 執行看看。

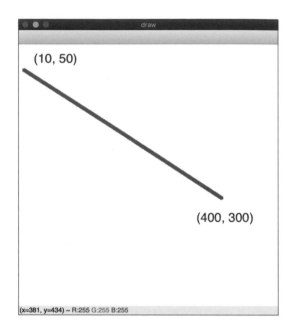

3-4-3 矩型

語法：cv2.rectangle (畫布 , 左上角座標 , 右下角座標 , 顏色 , 線條寬度)

步驟與說明

① 畫一矩型左上角座標為 (30, 50)，右下角座標為 (200, 280)，顏色 紅色，線條寬度為 5px。若線條寬度為負數，代表實心矩型。

```
cv2.rectangle(gc, (30, 50), (200, 280), (0, 0, 255), 5)
cv2.rectangle(gc, (100, 200), (196, 276), (234, 151, 102), -1)
```

2 執行看看。

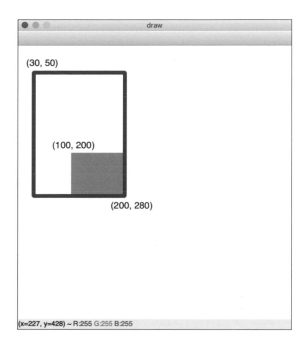

3-4-4 圓

語法：cv2.circle (畫布 , 圓心座標 , 半徑 , 顏色 , 線條寬度)

步驟與說明

1 以畫布的 (200, 100) 為圓心，畫出半徑為 80 的實心圓。若線條寬度為負數，畫出的圓即為實心圓。

```
cv2.circle(gc, (200, 100), 80, (255, 255, 0), -1)
cv2.circle(gc, (280, 180), 60, (147, 113, 217), 3)
```

2 執行看看。

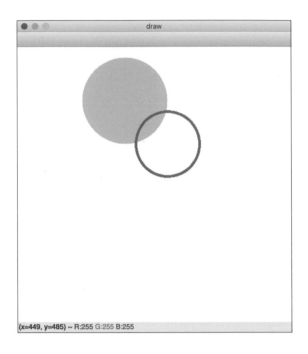

3-4-5 橢圓

語法：cv2.ellipse (畫布 , 中心座標 , 長短軸長 , 旋轉角度 , 開始角度 , 結束角度 , 顏色 , 線條寬度)

步驟與說明

1 下述程式將在軸心位置 (200, 100) 處，畫出長軸長 80，短軸長 40，開始角度 0，結束角度 360（代表完整的橢圓），且旋轉 45 度角的橢圓形。若線條寬度為負數表示繪畫出實心橢圓。

```
cv2.ellipse(gc, (200, 100), (80, 40), 45, 0, 360, (80, 127
, 255), 5)
cv2.ellipse(gc, (250, 200), (70, 70), 0, 0, 135, (44, 141,
108), -1)
```

2 執行看看。

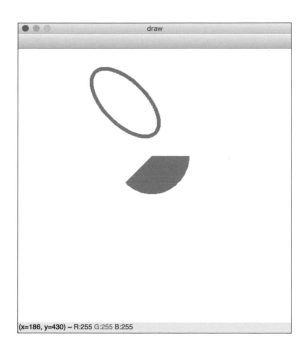

3-4-6 多邊形

語法：cv2.polylines (畫布 , 頂點座標矩陣 , 頭尾是否相連 , 顏色 , 線條寬度)

步驟與說明

1 設定頂點座標。

```
pts = np.array(((10,5), (100,100), (170,120), (200,50)))
```

2 根據頂點座標畫出多邊形並設定頭尾相連。

```
# True: 頭尾相連 ; False: 頭尾不相連
cv2.polylines(gc, [pts], True, (105, 105, 105), 2)
```

3 執行看看。

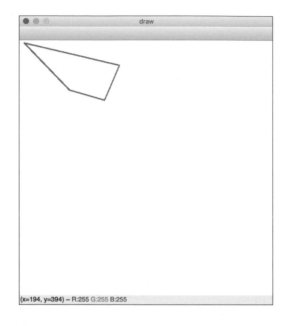

3-4-7 顯示文字

語法：cv2.putText (畫布 , 文字 , 座標 , 字型 , 倍率 , 顏色 , 線條寬度 , 類型)

步驟與說明

1 在座標 (10, 200) 的位置顯示 OpenCV 文字，參數 LINE_AA 是讓顯示的文字邊緣去除鋸齒，使得文字看起來圓潤一些，並且透過倍率 4（可接受浮點數）來控制字體大小。

```
font = cv2.FONT_HERSHEY_SIMPLEX
cv2.putText(gc, 'OpenCV', (10,200), font, 4, (0,0,0), 2, cv
2.LINE_AA)
```

2 執行看看。

OpenCV 內建的字型種類有八種,顯示結果如右:

- cv2.FONT_HERSHEY_SIMPLEX
- cv2.FONT_HERSHEY_PLAIN
- cv2.FONT_HERSHEY_DUPLEX
- cv2.FONT_HERSHEY_COMPLEX
- cv2.FONT_HERSHEY_TRIPLEX
- cv2.FONT_HERSHEY_COMPLEX_SMALL
- cv2.FONT_HERSHEY_SCRIPT_SIMPLEX
- cv2.FONT_HERSHEY_SCRIPT_COMPLEX

3-5 人臉偵測

人臉偵測就是在影像中找出人臉所在的位置，演算法很多，包含使用類神經網路。OpenCV 內建的人臉偵測使用的是哈爾特徵（Haar-like features）演算法。訓練時利用下面這幾種特徵圖在想要檢測出人臉的圖片上滑動，每滑動到一個地方時將特徵圖上黑色與白色區域所涵蓋的像素轉換成特徵值，然後將一系列的特徵值儲存在一個 XML 格式檔案中。

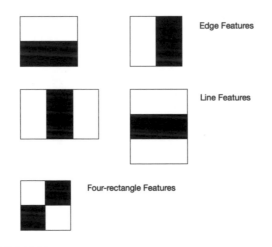

Edge Features

Line Features

Four-rectangle Features

在 XML 檔案中除了一系列的哈爾特徵值之外，還包含了一系列的分類器，稱之為聯級分類器。聯級分類器的目的是當我們要進行物件檢測時，看看當時所計算出來的哈爾特徵是否能通過聯級分類器的檢查，如果通過就代表檢測的目標區域中有我們想要的物件（例如人臉）。

哈爾特徵演算法跟使用類神經網路最大的不同處在於，哈爾特徵的速度很快，可以在低階的電腦像是樹莓派上有效的運作，使用類神經網路雖然找出人臉的準確率比較高，但在樹莓派上的運算速度是很慢的，在樹莓派上以 640x480 解析度的即時影像而言，FPS 往往不到 1，非常慢。若沒有 GPU 的硬體輔助，不建議在樹莓派上使用類神經網路進行相關的運算檢測。

要使用哈爾特徵前，必須先下載人臉偵測的聯級分類器，位置在 OpenCV 原始碼資料夾下的 data/ haarcascades/ 目錄下。該目錄中有許多的分類器，這裡介紹幾個跟人臉有關的，其餘的檔案只要看檔名就可以猜得出用途。

分類器	說明
haarcascade_frontalface_default.xml	人臉正面與側面
haarcascade_frontalface_alt2.xml	人臉正面效果比較好
haarcascade_profileface.xml	人臉側面效果比較好
haarcascade_eye.xml	偵測眼睛

步驟與說明

1 載入 OpenCV 函數庫。

```
import cv2
```

2 載入哈爾特徵聯級分類器，這裡挑選正面比較精準的 alt2。

```
face_cascade = cv2.CascadeClassifier('haarcascade_
frontalface_alt2.xml')
```

3 載入有人臉的彩色圖片並轉成灰階。

```
image = cv2.imread('demo.jpeg')
gray = cv2.cvtColor(image, cv2.COLOR_BGR2GRAY)
```

4 利用 detectMultiScale(image, scaleFactor=1.1, minNeighbors=3) 函數尋找圖片中的人臉。參數 scaleFactor 代表尋找過程中每次檢測時檢測窗口的放大級距，最小值必須為 1。此數值越大，可能造成圖片中有人臉但無法偵測出來，反之數值越小越容易偵測到人臉，但偵測速度較慢；參數 minNeighbors 代表需通過幾次檢測才算是人臉。這兩個參數的預設值為 1.1 與 3。找到人臉後，傳回每張人臉的左上角座標以及長寬範圍，利用迴圈將相關數值取出並在人臉位置繪出一個矩型。

```
faces = face_cascade.detectMultiScale(gray, 1.1, 3)
for (x, y, w, h) in faces:
    image = cv2.rectangle(image, (x, y), (x + w, y + h),
(0, 255, 0), 3)
```

5 將結果顯示出來。

```
cv2.namedWindow('video', cv2.WINDOW_NORMAL)
cv2.imshow('video', image)
```

6 按任何鍵結束程式。

```
cv2.waitKey(0)
cv2.destroyAllWindows()
```

7 執行看看。

8 會發現圖中有一個人的臉沒有偵測出，調整一下 detectMultiScale() 參數，把 1.1 改成 1.05，3 改為 4 看看。

```
faces = face_cascade.detectMultiScale(gray, 1.05, 4)
```

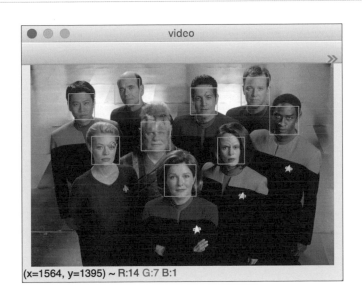

現在可以全部偵測到了。但提醒讀者，並非每張圖片的人臉都可以偵測的如此完美，很多情況是不論參數如何調整，都有人臉無法檢測出來，或明明不是人臉卻誤判，也就是這樣所以才會有人臉辨識的各種演算法出現。這麼多演算法中有些演算法偵測的準，但速度慢，有些演算法速度快，但準確度可能就偏低。想要快又要準，往往還要還要配合強大的硬體效能，尤其是 GPU 的運算能力。

9 現在我們來看看眼睛怎麼偵測。哈爾特徵的聯級分類器中有一個偵測眼睛位置的，這個分類器要使用時必須先找到人臉，然後在人臉的範圍中去找眼睛的位置。

⑩　載入眼睛分類器。

```
eye_cascade = cv2.CascadeClassifier('haarcascade_eye.xml')
```

⑪　在人臉的範圍內去找眼睛。

```
for (x, y, w, h) in faces:
    image = cv2.rectangle(image, (x, y), (x+w, y+h),
(0,255,0), 3)
    face_rect = gray[y:y+h, x:x+w]
    eyes = eye_cascade.detectMultiScale(face_rect, 1.3, 8)
    for (ex, ey, ew, eh) in eyes:
        center = (x + ey + int(ew / 2.0), y + ey + int(eh / 2.0))
        r = int(min(ew, eh) / 2.0)
        image = cv2.circle(image, center, r, (255, 255, 0), 5)
```

⑫　執行看看。這樣就可以在人臉內顯示出眼睛的位置，畫面有點
可愛。

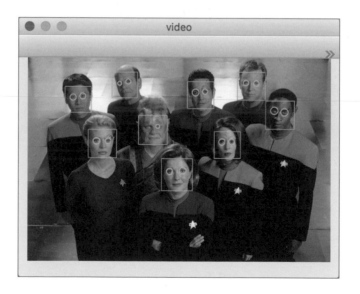

3-6 人臉辨識

人 臉辨識的目的是用來辨識這一張人臉屬於誰的，是人臉偵測的更進一步應用，並且架構在人臉偵測基礎上。運作原理是當我們在畫面中找出人臉所在的區域後，藉由專門分析人臉特徵的演算法來找出該區域的特徵值，然後跟已經儲存的特徵值比對，如果很接近某個特徵值時，我們就判定這張人臉是屬於那個人的。

想要辨識出一張人臉是誰，程式要分成三個階段進行：取樣、訓練、辨識。取樣就是收集訓練用人臉圖片，建議每一個人的臉部照片準備 100 張才有比較好的準確率。在訓練階段，OpenCV 提供了三種演算法：Eigen、Fisher 與 LBPH，這三者在 OpenCV 中的框架都一樣，只有在運算完的信心值有些不同而已，本單元使用 LBPH 演算法。辨識階段就是根據訓練完的資料辨識出目前攝影機看到的人臉屬於哪一位。

3-6-1 取樣

在取樣階段，我們透過程式碼來自動抓取 100 張人臉圖片，這樣比用相機拍攝 100 張圖片要來的方便快速。

步驟與說明

1 匯入函數庫與初始化相關變數。

```python
import cv2
ESC = 27
# 畫面數量計數
n = 1
# 存檔檔名用
index = 0
# 人臉取樣總數
total = 100
```

2 自行定義存檔時所需要的函數，其中 images 與 h0 這兩個目錄請讀者先建立。h0 存放第一個人的人臉圖片所在的資料夾，若有第二個人就建立 h1，以此類推。

```python
def saveImage(face_image, index):
    filename = 'images/h0/{:03d}.pgm'.format(index)
    cv2.imwrite(filename, face_image)
    print(filename)
```

3 載入聯級分類器與開啟攝影機。

```python
face_cascade = cv2.CascadeClassifier('haarcascade_
frontalface_default.xml')
cap = cv2.VideoCapture(0)
cv2.namedWindow('video', cv2.WINDOW_NORMAL)
```

4 讀取影像並轉成灰階。

```python
while n > 0:
    ret, frame = cap.read()
    # frame = cv2.resize(frame, (600, 400))
    frame = cv2.flip(frame, 1)
    gray = cv2.cvtColor(frame, cv2.COLOR_BGR2GRAY)
```

5 偵測人臉，並且每 5 張人臉存檔一次。5 張才存一次的目的是讓使用者可以轉一下頭，變化一下表情，讓訓練用的圖片多樣化一點。訓練用圖片的解析度這裡使用 400x400，讀者可自行調整這個數字，但最小為 50x50。取樣的時候請不要讓畫面中有其他人的人臉被偵測到，這樣會讓訓練用的圖片有雜質干擾，導致之後辨識時準確度降低。

```python
#### 在 while 內
    faces = face_cascade.detectMultiScale(gray, 1.1, 3)
    for (x, y, w, h) in faces:
        frame = cv2.rectangle(
            frame,
            (x, y), (x + w, y + h),
            (0, 255, 0), 3
        )
        if n % 5 == 0:
```

```
                    face_img = gray[y: y + h, x: x + w]
                    face_img = cv2.resize(face_img, (400, 400))
                    saveImage(face_img, index)
                    index += 1
                    if index >= total:
                        print('get training data done')
                        n = -1
                        break
            n += 1
```

6 將攝影機拍到的影像顯示出來。

```
#### 在 while 內
    cv2.imshow('video', frame)
    if cv2.waitKey(1) == 27:
        cv2.destroyAllWindows()
        break
```

7 執行看看。結束後請檢查 ./images/h0/ 目錄下應該有 100 張灰階人臉圖片。

3-6-2 訓練

訓練階段是將 h0、h1…資料夾中的圖片取出、標籤化後送進人臉特徵演算法中計算特徵值，並將結果存檔以供後續使用。

步驟與說明

1 匯入函數庫。

```
import cv2
import numpy as np
```

2 將目錄中所有照片讀出，並且給每張照片一個標籤編號。第一個人的標籤編號為 0，第二個人為 1，第三個人為 2，以此類推（這個編號方式是固定的，不能更改）。我們目前只有一個人，因此這一個人的 100 張訓練用照片編號都是 0。

```
images = []
labels = []
for index in range(100):
    filename = 'images/h0/{:03d}.pgm'.format(index)
    print('read ' + filename)
    img = cv2.imread(filename, cv2.COLOR_BGR2GRAY)
    images.append(img)
    labels.append(0)       # 第一張人臉的標籤為 0
```

③ 使用 LBPH 演算法訓練並將結果儲存起來。由於 train() 函數只能接收 numpy 格式的陣列，因此要把 images 與 labels 這兩個 Python 陣列轉成 numpy 格式。

```
print('training...')
model = cv2.face.LBPHFaceRecognizer_create()
model.train(np.asarray(images), np.asarray(labels))
model.save('faces.data')
print('training done')
```

④ 執行看看。

補/充/說/明

這裡為了方便讀者理解程式碼，因此 images 與 h0 都是固定寫死在迴圈中，如果訓練資料有第二個人的話，請讀者自行複製這個迴圈，然後將 h0 改為 h1 即可。比較好的作法是透過程式自動取得 images 資料夾下所有的目錄，然後再取得每個目錄下有多少張圖片，這部分請讀者參考以下程式碼改寫。

```
import os
path = "."
for file in os.listdir(path):
    fullname = os.path.join(path, file)
    if os.path.isdir(fullname):
        print("{} <DIR>".format(file))
    else:
        print("{}".format(file))
```

3-6-3 辨識

這一階段就是拿訓練好的結果來驗證辨識效果是否準確,所以我們開啟攝影機,將攝影機拍到的人臉來跟訓練結果比對,如果發現有「認識」的人臉,就在畫面上顯示這個人臉的名字。

步驟與說明

1 匯入函數庫,建立人臉辨識演算法模型並且載入訓練好的辨識檔。注意這邊的演算法必須與訓練時用的演算法一致。

```
import cv2

model = cv2.face.LBPHFaceRecognizer_create()
model.read('faces.data')
print('load training data done')
```

2 載入聯級分類器,這裡使用的分類器必須與取樣時一致。開啟攝影機並且定義「可識別化名稱」陣列 names,這個陣列用來將標籤編號轉成看的懂的人名,所以如果有兩個人臉需要被識別出來,這個陣列中就會有兩筆資料。

```
face_cascade = cv2.CascadeClassifier('haarcascade_
frontalface_default.xml')
cap = cv2.VidcoCapture(0)
cv2.namedWindow('video', cv2.WINDOW_NORMAL)
# 可識別化名稱
names = ['ckk']
```

3 讀取攝影機資料並轉成灰階影像。

```
while True:
    ret, frame = cap.read()
    # frame = cv2.resize(frame, (600, 400))
    frame = cv2.flip(frame, 1)
    gray = cv2.cvtColor(frame, cv2.COLOR_BGR2GRAY)
```

4 偵測人臉,並將此人臉與訓練資料比對。人臉辨識演算法中的 predict() 函數會傳回標籤編號與信心值,標籤標號用來在第 2 步的可識別化名稱陣列中找到人名,信心值則根據不同演算法有不同的值。一般來說，Eigen 與 Fisher 低於 5000 代表辨識效果可接受，若是 LBPH 則是低於 50 可接受。注意值要越低越好。

```
#### 在 while 內
    faces = face_cascade.detectMultiScale(gray, 1.1, 3)
    for (x, y, w, h) in faces:
        frame = cv2.rectangle(
            frame,
            (x, y), (x + w, y + h),
            (0, 255, 0), 3
        )
        face_img = gray[y: y + h, x: x + w]
        face_img = cv2.resize(face_img, (400, 400))

        val = model.predict(face_img)
        print('label:{}, conf:{:.1f}'.format(val[0], val[1]))
        if val[1] < 50:
            cv2.putText(
                frame, names[val[0]], (x, y - 10),
                cv2.FONT_HERSHEY_SIMPLEX, 1, (255,255,0), 3
            )
```

5 顯示畫面並且設定如果按下 ESC 就結束程式。

```
#### 在 while 內
    cv2.imshow('video', frame)
    if cv2.waitKey(1) == 27:
        cv2.destroyAllWindows()
        break
```

6 執行看看。

3-7 特定區域處理

經常在一個大的畫面中我們想要處理的部分只是其中一小塊區域，這塊區域又稱為 ROI（Region Of Interest，有興趣的區域），而 ROI 以外的其他區域並不加以處理。例如攝影機所拍攝的畫面中，我們只對大門的部分有興趣，只要電腦「看到」有人進出大門就需要處理，至於其他區域，人來人往都無所謂，這時候我們就必須在攝影機抓回來的畫面資料中取出大門這部分的「子畫面」進行相關的辨識處理就好，其他部分就不管他。

由於 OpenCV 的影像資料為矩陣型態，所以透過矩陣運算就可以容易的取出我們想要的 ROI。

步驟與說明

① 匯入函數，並且設定 ROI 的座標範圍。

```
import cv2
RECT = ((220, 20), (370, 190))
(left, top), (right, bottom) = RECT
```

② 自訂一個取出子畫面的函數。

```
def roiarea(frame):
    return frame[top:bottom, left:right]
```

③ 自訂一個將 ROI 區域的資料「貼回」到原本畫面的函數。

```
def replaceroi(frame, roi):
    frame[top:bottom, left:right] = roi
    return frame
```

④ 開啟攝影機並讀取畫面。

```
cap = cv2.VideoCapture(0)
ratio = cap.get(cv2.CAP_PROP_FRAME_WIDTH) / \
        cap.get(cv2.CAP_PROP_FRAME_HEIGHT)

WIDTH = 400
HEIGHT = int(WIDTH / ratio)

while True:
    ret, frame = cap.read()
    frame = cv2.resize(frame, (WIDTH, HEIGHT))
    frame = cv2.flip(frame, 1)
```

⑤ 取出 ROI 區域，處理完後貼回到原本的畫面中。

```
#### 在 while 內
    # 取出子畫面
    roi = roiarea(frame)
    roi = cv2.cvtColor(roi, cv2.COLOR_BGR2HSV)
    # 將處理完的子畫面貼回到原本畫面中
    frame = replaceroi(frame, roi)
```

補/充/說/明

實際上這裡不需要呼叫 replaceroi()，原因是陣列資料在函數中傳遞時相當於傳址呼叫，因此執行完 cvtColor() 後原本的畫面已經被修改了。但是如果要把 ROI 整合到另外一個畫面時，就真的需要呼叫 replaceroi() 了。

⑥ 在 ROI 區域畫個框，然後顯示整個畫面。

```
#### 在 while 內
    # 在 ROI 範圍處畫個框
    cv2.rectangle(frame, RECT[0], RECT[1], (0,0,255), 2)
    cv2.imshow('frame', frame)

    if cv2.waitKey(1) == 27:
```

Python
樹莓派
OpenCV

```
cv2.destroyAllWindows()
break
```

7 執行看看。

3-8 物體移動追蹤

物 體移動追蹤的目的是不斷地追蹤畫面上移動的物體移到哪個位置去，因此在追蹤前必須先設定好欲追蹤物體在畫面上的座標，然後當該物體移動到新地方時 OpenCV 會自動計算出移動後的座標。移動追蹤可以用來彌補當電腦運算速度不夠快而無法使用物體辨識演算法去計算每一個畫面目標物所在位置時，就可以在目標物一被辨識出來後，將該目標物的區域範圍轉為使用移動追蹤演算法來做後續的移動處理，這樣可以大幅提昇電腦運算速度，對 FPS 提升有明顯幫助，因為移動追蹤演算法比每個畫面都用物件辨識演算法（例如類神經網路）去找物件所在位置要快多了。

要使用移動追蹤演算法時，一定要先框出一個區域才行，所以只要在畫面上有個框（例如人臉偵測時找到人臉後的那個框），接下來就可以使用移動追蹤去偵測框裡面的人臉移動到哪裡。這個單元會使用 OpenCV 原始碼中附的一段測試影片來解說程式碼，讀者理解運作原理後可以套用到人臉偵測或人臉識別單元去，當人臉移動時，框出人臉範圍的那個框在移動時會非常非常地平順。

OpenCV 提供了一個專門用來取得特定範圍座標值的函數，名稱為 selectROI（ROI 的意思是 Region Of Interest，有興趣的區域），藉由這個函數我們可以在畫面上用滑鼠拖出一個矩型範圍，然後我們就得到這個矩型在畫面上的座標值了。

步驟與說明

1 載入需要的函數庫，並且使用 OpenCV 的範例影片 vtest.avi，該影片在 OpenCV 原始碼中的 samples/data/ 目錄下可以找到，請讀者將這個影片抓回到自己的電腦上。

```
import cv2
cap = cv2.VideoCapture('vtest.avi')
```

②　OpenCV 提供了八種不同的物體追蹤演算法（Boosting、CSRT、GOTURN、KCF、MedianFlow、MIL、MOSSE 與 TLD），有些適合偵測快速移動的物體（例如賽車），有些偵測時有比較好的精準度但物體不能移動太快。這些演算法的詳細內容請讀者自行研究相關論文與參考資料。以 CSRT 為例，宣告一個變數 roi 用來儲存欲追蹤物體在畫面上的座標位置。

```
tracker = cv2.TrackerCSRT_create()
roi = None
```

③　程式執行到 selectROI() 時會等使用者用滑鼠在畫面上拖出一個矩型區域，如圖中的藍色區域即是。框出一個矩形範圍後，按下 SPACE 鍵程式會繼續往下執行。若要取消範圍選取可以按下 c 鍵（表示 cancel），selectROI() 會傳回 (0, 0, 0, 0)，接下來用 if 判斷來決定是否要將這個矩型區域傳給追蹤演算法的 init() 函數。

```
while True:
    ret, frame = cap.read()

    if roi is None:
        roi = cv2.selectROI('frame', frame)
        if roi != (0, 0, 0, 0):
            tracker.init(frame, roi)
```

④ 當物體移動到新的區域時透過物體追蹤演算法的 **update()** 函數計算新區域的座標，我們只要將這個座標交由 OpenCV 的畫矩型函數畫出一個矩型區域，就可以在畫面上看出物體從哪裡移動到哪裡了。

```
#### 在 while 內
    success, rect = tracker.update(frame)
    if success:
        (x, y, w, h) = [int(i) for i in rect]
        cv2.rectangle(frame, (x,y), (x+w, y+h), (0,255,0), 2)
```

⑤ 顯示畫面並且設定按下 **ESC** 鍵就結束程式。

```
#### 在 while 內
    cv2.imshow("frame", frame)
    if cv2.waitKey(1) == 27:
        cv2.destroyAllWindows()
        break
```

6 執行看看。

補/充/說/明

物體追蹤演算法必須適時的校正座標，否則經常會出現一段時間後誤差
越來越大的狀況，或是當物體移動到畫面外再進入到畫面內後，演算法
就無法再接著追蹤的情形。這些問題都是在使用移動追蹤時會遇到的。

3-9 背景移除

背 景移除或稱為背景偵測，意思就是判斷畫面中哪些部分是屬於背景畫面，通常背景畫面就是我們不感興趣的區域，在後續處理的時候會先移除他。要判斷畫面中哪些部分是背景哪些部分是前景，在定義上我們將一直沒有變化的區域視為背景。接下來在作法上大致可以分為兩種，一種是將某個畫面設定為背景，之後的每一個畫面都跟設定為背景的畫面相減，如果減掉之後為 0，就代表這個地方是背景，因為兩個畫面在這個位置的像素資料都是一樣的。這種作法的好處是處理速度快，因為只是矩陣相減而已，但缺點是當成背景的畫面必須先清場，否則一開始就有干擾資料在裡面了。另一種作法是多拿幾張畫面一起比對，這樣可以解決需要清場的問題，但缺點就是運算上需要多花點時間。

3-9-1 畫面相減

設定 VideoCapture() 函數讀進的第一個畫面為背景畫面，之後再讀進的每一個畫面都跟第一個畫面相減，剩下來的區域就是前景區域。

步驟與說明

1 匯入函數庫並載入 OpenCV 原始碼中的範例影片檔，該影片檔位於 samples/data/ 目錄下。

```
import cv2
cap = cv2.VideoCapture('vtest.avi')
```

2 設定一個整體變數 bg 用來儲存背景畫面，初始化為 None 代表還沒有決定哪一個畫面為背景。

```
bg = None
```

③ 讀取影像、灰階處理並用高斯模糊去雜訊 ，然後設定第一個畫面
為背景。

```
while True:
    ret, frame = cap.read()
    gray = cv2.cvtColor(frame, cv2.COLOR_BGR2GRAY)
    gray = cv2.GaussianBlur(gray, (17, 17), 0)

    if bg is None:
        bg = gray
        continue
```

④ 將之後讀取到的影像與變數 bg 中的影像相減，這時如果兩個影
像有差異，相減之後就會剩下差異的部分，然後再進行二值化處
理，讓結果只剩下黑色與白色兩種顏色的影像。二值化後進行
erode（侵蝕，用來去細小雜訊）與 dilate（膨脹，用來連結分開的
影像），請讀者自行根據實際狀況調整 iterations=2 參數，這是用來
設定該效果的重複次數。

```
#### 在 while 內
    diff = cv2.absdiff(gray, bg)
    diff = cv2.threshold(diff, 30, 255, cv2.THRESH_BINARY)
[1]
    diff = cv2.erode(diff, None, iterations=2)
    diff = cv2.dilate(diff, None, iterations=2)
```

補/充/說/明

> 侵蝕 erode() 意思是將畫面中白色部分往內縮小 3 個 pixel（預設，也就
> 是填 None）2 次；erode 剛好相反，將白色區域往外擴增 3 個 pixel 共
> 2 次。

⑤ 在二值化處理後的影像中透過 findContours() 尋找輪廓，也就是
黑白交界處。當輪廓中還有輪廓時，參數 RETR_EXTERNAL 只
會傳回最外圈的那個輪廓，如果要得到所有內部的輪廓，可使
用 RETR_LIST 或是 RETR_TREE。RETR_TREE 還會得到輪廓

的層級關係。參數 CHAIN_APPROX_SIMPLE 會簡化傳回的座標資訊，以矩形為例，只會傳回四個頂點的座標。若將 CHAIN_APPROX_SIMPLE 改為 CHAIN_APPROX_NONE 則會傳回輪廓中的所有座標，一般來說填 CHAIN_APPROX_SIMPLE 即可。

由於輪廓可能不只一個，因此找到後用迴圈處理所有的輪廓。若有些輪廓大到 erode 階段沒有被處理掉，而該輪廓又小到我們不想處理，這時候就可以透過 contourArea() 函數來計算輪廓面積，如果低於某個值（例如 500）就視為雜訊不處理（這個值請讀者自行根據不同的影像狀況調整）。最後使用 boundingRect() 函數找出這個輪廓的最小外接矩型並且畫出來。

```
#### 在 while 內
    cnts, hierarchy = cv2.findContours(
        diff,
        cv2.RETR_EXTERNAL,
        cv2.CHAIN_APPROX_SIMPLE)

    for c in cnts:
        if cv2.contourArea(c) < 500:
            continue

        (x, y, w, h) = cv2.boundingRect(c)
        cv2.rectangle(frame, (x,y), (x+w, y+h), (0,255,0), 2)
```

6 顯示畫面並且設定按下 ESC 鍵就結束程式。

```
#### 在 while 內
    cv2.imshow("frame", frame)
    if cv2.waitKey(1) == 27:
        cv2.destroyAllWindows()
        break
```

7 執行看看。

補/充/說/明

讀者是否有發現，畫面上有三個框框但卻沒有任何移動的物體在框框中，請想一想這三個框框怎麼出現的？要怎麼處理這個問題？

3-9-2 多幀判斷

多幀判斷與「差異計算」不同的地方在於此演算法會根據多張的歷史畫面來計算出背景，也就是說，如果有個移動的物體進入畫面後就不再移動了，該物體就會慢慢的融入成背景。這種演算法就非常適合背景需要不斷改變的場合。OpenCV 提供了四種不同的多幀判斷演算法：MOG、MOG2、KNN 與 GMG。這四種演算法的框架都一樣，這裡以 MOG2 為範例，至於每一個演算法的理論原理，請有興趣的讀者自行上網尋找原始論文。

步驟與說明

① 匯入函數庫並使用 MOG2 演算法。

```
import cv2

bs = cv2.bgsegm.createBackgroundSubtractorMOG2()
cap = cv2.VideoCapture(0)
ratio = cap.get(cv2.CAP_PROP_FRAME_WIDTH) / \
        cap.get(cv2.CAP_PROP_FRAME_HEIGHT)

WIDTH = 400
HEIGHT = int(WIDTH / ratio)
```

補/充/說/明

> 建立演算法模型的方式如下：
>
> * MOG：cv2.createBackgroundSubtractorMOG()
> * MOG2：cv2.createBackgroundSubtractorMOG2()
> * KNN：cv2.createBackgroundSubtractorKNN()
> * GMG：cv2.bgsegm.createBackgroundSubtractorGMG()

② 從攝影機讀取影像。

```
while True:
    ret, frame = cap.read()
    frame = cv2.resize(frame, (WIDTH, HEIGHT))
    frame = cv2.flip(frame, 1)
```

③ OpenCV 的追蹤演算法框架內部自動會進行灰階與模糊化，因此只要把原始影像資料傳給 apply() 函數即可，再將傳回的灰階影像進行二值化、侵蝕與膨脹處理即可。

```
#### 在 while 內
    gray = bs.apply(frame)
    mask = cv2.threshold(gray, 30, 255, cv2.THRESH_BINARY)
[1]
    mask = cv2.erode(mask, None, iterations=2)
    mask = cv2.dilate(mask, None, iterations=10)
```

④ 接下來的處理與上一節一樣，但這裡多使用了一個 drawContours()
函數來畫出所有找出的輪廓。

```
#### 在 while 內
    cnts, hierarchy = cv2.findContours(
        mask,
        cv2.RETR_EXTERNAL,
        cv2.CHAIN_APPROX_SIMPLE)

    for c in cnts:
        if cv2.contourArea(c) < 200:
            continue
        # 畫出輪廓
        cv2.drawContours(frame, cnts, -1, (0,255,255), 2)
        # 畫出矩型
        (x, y, w, h) = cv2.boundingRect(c)
        cv2.rectangle(frame, (x,y), (x+w,y+h), (0,255,0), 2)
```

⑤ 顯示畫面並且設定按下 ESC 鍵就結束程式。這裡使用 hconcat() 函
數將原始影像與二值化後的影像合併後輸出，方便讀者觀察追蹤
演算法計算完的結果。

```
#### 在 while 內
    mask = cv2.cvtColor(mask, cv2.COLOR_GRAY2BGR)
    frame = cv2.hconcat([frame, mask])
    cv2.imshow('frame', frame)
    if cv2.waitKey(1) == 27:
        cv2.destroyAllWindows()
        break
```

⑥ 執行看看。

3-10 色彩辨識與追蹤

拿個物體到眼前，我們可以很容易的說出他是什麼顏色，但對電腦而言就不是這麼一回事了。透過攝影機，電腦讀到的是一堆的像素資料，每個像素雖然可以拆解成 BGR 三個顏色，但要在即時的影像畫面中分析每一個像素的 BGR 值，以及排除環境中光線強度、色溫…等等的外在因素干擾，最後能準確判斷出物體顏色就不是一件簡單的事情。

我們絞盡腦汁讓電腦看的懂人看的，不同的演算法各有千秋，不論用什麼方式，最讓電腦看的懂人看的懂的都是很有成就感的一件事情。

讓電腦能夠看的懂顏色的原理為一開始先計算出某個顏色範圍，例如黃色，這個顏色值還不能太精準，因為環境光源的角度、強弱、色溫等等都會影響辨識品質，所以要抓一個範圍。然後用一種很特殊的「看」法，讓畫面中有黃色範圍內的區域凸顯出來，這時電腦就知道他看到了黃色。如果此時再將其他非黃色區域給濾除掉，我們就可以讓電腦追蹤黃色物體的移動了。

步驟與說明

❶ 載入相關函數庫。

```
import cv2
import numpy as np
```

❷ 設定要偵測的顏色範圍，這個顏色並非 BGR 色彩空間而是 HSV，也就是色相、飽和度與明度。因為在 BGR 色彩空間中的顏色數量太多（共有 256^3 種顏色），轉成 HSV 後顏色數較少（只要管色相就好），因此在顏色辨識時使用 HSV 會對環境光源所造成的色差異影響程度相對較小。至於顏色範圍值的計算，以黃色為例，低範圍值為 (16, 59, 0)，高範圍值為 (47, 255, 255)，稍後再說明要如

何取得這個值。雖然這裡使用 HSV 色彩空間，但這兩組值還是會受到環境光源的影響，因此各位讀者在您所在的環境中，同樣的黃色所計算出來的值，肯定會跟我不一樣。

```
color = ((16, 59, 0), (47, 255, 255))
lower = np.array(color[0], dtype="uint8")
upper = np.array(color[1], dtype="uint8")
```

3 開啟攝影機並取得畫面。

```
cap = cv2.VideoCapture(0)

ratio = cap.get(cv2.CAP_PROP_FRAME_WIDTH) / \
        cap.get(cv2.CAP_PROP_FRAME_HEIGHT)
WIDTH = 400
HEIGHT = int(WIDTH / ratio)

while True:
    ret, frame = cap.read()
    frame = cv2.resize(frame, (WIDTH, HEIGHT))
    frame = cv2.flip(frame, 1)
```

4 轉成 HSV 色彩，並且使用高斯模糊來抹除細小且肉眼看不出來的顏色差異。

```
#### 在 while 中
    hsv = cv2.cvtColor(frame, cv2.COLOR_BGR2HSV)
    hsv = cv2.GaussianBlur(hsv, (11, 11), 0)
```

5 接下來進行二值化處理。利用 inRange() 函數將畫面中每個像素的顏色如果落在 lower 與 upper 之間改為白色，其他則改為黑色。然後再利用 erode() 函數縮小一下白色範圍，讓細小雜訊消失，再利用 dilate() 膨脹一下白色範圍，讓斷掉的區域連接起來。

```
#### 在 while 中
    mask = cv2.inRange(hsv, lower, upper)
    mask = cv2.erode(mask, None, iterations=2)
    mask = cv2.dilate(mask, None, iterations=2)
```

6 理想上，現在在 mask 畫面上白色區域應該就是想要辨識出特定顏色的物體，這時就可以利用 findContours() 函數尋找所有白色區域的輪廓。假設我們控制到想要看到的顏色在整個畫面中只有一個物體有，而若此時得到的輪廓數量超過一個，就代表有些地方是雜訊必須被濾掉。這時再做一個假設，假設我們想要看到的物體跟雜訊比起來面積是最大的，這時只要把面積第二名以後的通通濾掉，剩下面積最大的那個輪廓就是我們要看到的物體所在位置。

得到輪廓後使用 boundingRect() 函數取得該輪廓的最小外接矩型，這時候就可以得到該矩型的左上角座標以及長寬，然後用 rectangle() 函數畫出這個矩型就好了。

```
#### 在 while 中
    contours, hierarchy = cv2.findContours(
        mask,
        cv2.RETR_EXTERNAL,
        cv2.CHAIN_APPROX_SIMPLE)

    if len(contours) > 0:
        cnt = max(contours, key=cv2.contourArea)
        if cv2.contourArea(cnt) < 100:
            continue
        x, y, w, h = cv2.boundingRect(cnt)
        p1 = (x - 2, y - 2)
        p2 = (x + w + 4, y + h + 4)

        out = cv2.bitwise_and(hsv, hsv, mask=mask)
        cv2.rectangle(frame, p1, p2, (0,255,255), 2)

        cv2.rectangle(hsv, p1, p2, (0,255,255), 2)
        cv2.rectangle(out, p1, p2, (0,255,255), 2)
        frame = cv2.hconcat([frame, hsv, out])
```

7 最後將包含矩型的畫面顯示出來即可。

```
#### 在 while 中
    cv2.imshow("frame", frame)
    if cv2.waitKey(1) == 27:
```

```
cv2.destroyAllWindows()
break
```

8 執行看看。

顏色的 lower 與 upper 值要怎麼計算。這一部份我們藉由第三方程式
來完成。請讀者先拍攝一張含有要辨識顏色的物體，存檔檔名假設為
yellow.jpg。到 GitHub 搜尋 cspaceFilterPython 並下載，網址為 https://
github.com/alkasm/cspaceFilterPython。依照官網的說明，請執行以下
指令安裝（需不需要建立在虛擬環境中，請讀者依需求自行決定）。

```
$ pip3 install git+https://github.com/alkasm/colorfilters
```

安裝完後撰寫以下程式碼。

```
from colorfilters import HSVFilter
import cv2 as cv

img = cv.imread('yellow.jpg')
window = HSVFilter(img)
window.show()

print(f'lower: {window.lowerb} upper: {window.upperb}.')
```

執行這支程式後，調整視窗上的捲軸，直到自行拍攝的 yellow.jpg 上只
出現想要辨識顏色的物體而其他顏色都是黑色為止。接下來按「ESC」
離開這個程式，要辨識顏色的 lower 與 upper 值就會顯示在終端機上。

3-11 邊緣偵測

邊 緣偵測是用來尋找畫面中像素顏色值有明顯變化的地方，例如在一片白色的背景中出現了一些黑色的物體，那邊緣偵測就很容易找到黑白交界處。最常見到的例子就是尋找硬幣邊緣，將硬幣放在桌上，透過邊緣偵測演算法很容易就可以找到硬幣的邊緣，甚至連硬幣中的圖案都可以找到。

OpenCV 內建的邊緣偵測演算法為 Canny 演算法，該演算法包含兩個閾值，演算法內部計算的結果如果大於所設定的高閾值則一定是邊緣，如果小於低閾值則不是邊緣，如果介於高低之間，則看該點是否與已經被判定為邊緣的點連接，如果是就判定為邊緣，如果不是就判定不是邊緣。

步驟與說明

① 載入函數庫。

```
import cv2
```

② 載入一張有硬幣圖案的圖檔後轉成灰階，並且使用高斯模糊將一些肉眼看不出的微小雜訊或圖案抹除，因為那些雜訊或是圖案可能不是我們想要找的邊緣。

```
image = cv2.imread('50coin.jpg')
gray = cv2.cvtColor(image, cv2.COLOR_BGR2GRAY)
gray = cv2.GaussianBlur(gray, (9, 9), 0)
```

③ 使用 Canny 演算法找邊緣也就是兩側有比較大差異的位置，然後根據找到的邊緣再使用 findContours() 函數尋找輪廓。這裡使用 RETR_TREE 參數傳回所有的輪廓。

```
edged = cv2.Canny(gray, 20, 40)
contours, hierarchy = cv2.findContours(
```

```
edged,
cv2.RETR_TREE,
cv2.CHAIN_APPROX_SIMPLE)
```

④ 將輪廓繪出。先產生一個跟圖檔一樣大小的畫布，然後填滿黑色。再將找出來的硬幣輪廓畫到這個黑色的畫布上，再用 **hconcat()** 將原本的圖片與有輪廓的畫布合併在一起顯示。

```
out = image.copy()
out.fill(0)
cv2.drawContours(out, contours, -1, (0, 255, 255), 2)
image = cv2.hconcat([image, out])
cv2.imshow('frame', image)
```

⑤ 按任意鍵結束程式。

```
cv2.waitKey(0)
cv2.destroyAllWindows()
```

⑥ 執行看看。

補/充/說/明

如果將 findContours() 函數中參數 RETR_TREE 換成 RETR_EXTERNAL，則僅會得到硬幣最外圍的框線，因為這個參數只會傳回最外圍的輪廓，如下圖。

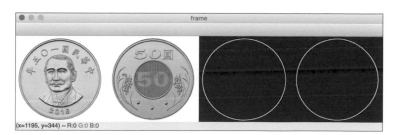

3-12 霍夫圓形檢測

想 要偵測圓形的物體，採用的演算法為霍夫變換中的圓形檢測。
這個演算法的誕生是為了解析氣泡室中的氣泡圖形。目前
OpenCV 支援霍夫變換的圓形與直線檢測。例如我們想要知道下圖中
有多少個杯子就可以使用霍夫圓形檢測。

步驟與說明

1　匯入相關函數庫。

```
import cv2
import numpy as np
```

2　讀取圖片並轉成灰階，然後使用高斯模糊去掉細小雜訊。

```
src = cv2.imread('cup.jpg')
gray = cv2.cvtColor(src, cv2.COLOR_BGR2GRAY)
gray = cv2.GaussianBlur(gray, (5, 5), 0)
```

③ 呼叫霍夫圓形檢測函數。相關參數請讀者根據輸入圖片自行調整至最佳值。

```
circles = cv2.HoughCircles(
    gray,
    cv2.HOUGH_GRADIENT, # 偵測方法目前只支援這個參數
    1,      # 1 代表偵測圖與輸入圖大小一致，填 1 即可
    20,     # 各圓心間的最小距離，設太小容易誤判，太大會將數個圓當成一個
    None,   # 固定填 None
    10,     # canny 演算法的高閾值，此值一半為低閾值
    75,     # 超過此閾值才會被當作圓
    3,      # 最小圓半徑
    75      # 最大圓半徑
)
```

④ 畫出偵測到的圓。

```
circles = circles.astype(int)
if len(circles) > 0:
    out = src.copy()
    for x, y, r in circles[0]:
        # 畫圓
        cv2.circle(out, (x, y), r, (0,0,255), 3)
        # 畫圓心
        cv2.circle(out, (x, y), 2, (0,255,0), 3)
    src = cv2.hconcat([src, out])
```

⑤ 執行看看。

補/充/說/明

如果參數調的好，這種重疊的硬幣也偵測的出來喔。

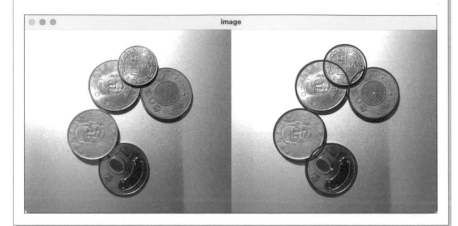

3-13 特徵描述

機器之所以能夠看的懂圖中的物體是什麼，憑藉的是該物體的特徵值是否跟已經儲存在資料庫或檔案中某個已知物體的特徵值一樣或是相似。所以取得影像中的特徵值是很重要的一件工作，如果取的好，不但辨識速度快而且結果精準。以下圖為例，若綠色的部分是影像區域，三個矩型框則是取得的特徵範圍，這三個特徵以藍色框取得的特徵值最差，因為一整片都是綠色，所以只要是任何綠色的物體都會被判定是同一個物件。最好的特徵值是紅色區域，因為他具有唯一性，只有綠色範圍的左上角才具有這樣的特徵，其他區域都沒有。由此可知，特徵演算法就是盡量找出圖形中具有唯一性的部分，這些地方大部分都是位於顏色差異很大的地方，像是角點、邊緣、暗區的亮點或是亮區的暗點。

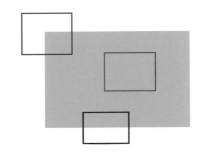

下方右圖是由 ORB 特徵描述演算法找出的特徵點，可以發現幾乎都位於圖形「轉折」的區域，因為這部分的特徵值跟其他地方很不一樣。每一個特徵點都含有這個點的資訊，包含位置、方向、梯度…等。

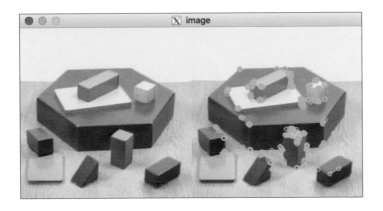

這個單元介紹 OpenCV 中三個特徵描述演算法：SIFT、SURF 與 ORB。SIFT 與 SURF 都是具有專利的演算法，因此除了研究領域可以免費使用外，商業使用是要付專利費用的。ORB 演算法則完全是免費使用。SURF 演算法相當於 SIFT 的快速版本，SURF 可以找出比 SIFT 更多的特徵點，並且每一個點的描述值簡化到 64 個（SIFT 有 128 個），ORB 預設能夠找出 500 個特徵點。

步驟與說明

1 匯入函數庫並且載入圖片。載入的圖片不需先轉成灰階，這幾個演算法內部會幫我們轉。圖檔 blox.jpg 可以在 OpenCV 原始碼的 samples/data/ 目錄下找到。

```
import cv2
image = cv2.imread('blox.jpg')
```

2 建立三個演算法。

```
sift_feature = cv2.xfeatures2d.SIFT_create()
surf_feature = cv2.xfeatures2d.SURF_create()
orb_feature = cv2.ORB_create()
```

3 尋找特徵關鍵點。

```
sift_kp = sift_feature.detect(image)
surf_kp = surf_feature.detect(image)
orb_kp  = orb_feature.detect(image)
```

4 畫出關鍵點。

```
sift_out = cv2.drawKeypoints(image, sift_kp, None)
surf_out = cv2.drawKeypoints(image, surf_kp, None)
orb_out  = cv2.drawKeypoints(image, orb_kp, None)
```

⑤ 將圖合併後畫出。

```
image = cv2.vconcat(
    cv2.hconcat([image, sift_out]),
    cv2.hconcat([surf_out, orb_out])
)

cv2.imshow('image', image)
cv2.waitKey(0)
cv2.destroyAllWindows()
```

⑥ 執行看看。

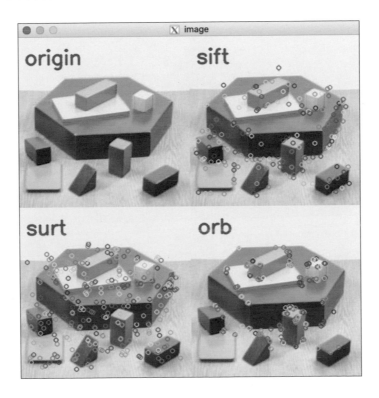

補/充/說/明

若在 drawKeypoints() 函數加上 flags 參數，顯示出來的畫面會用圈圈表示關鍵點的重要性，越重要的關鍵點圈圈越大。

```
cv2.drawKeypoints(
    image, kp, None,
    flags=cv2.DRAW_MATCHES_FLAGS_DRAW_RICH_KEYPOINTS
)
```

3-14 特徵比對

特 徵比對是比對兩張圖上的特徵點是否一樣,然後判定這兩張圖是不是相同的內容。假設兩個人對同一個景點拍照,但因為不同的拍攝角度、鏡頭的拉近拉遠或是不同的環境光源,因此拍攝出來的照片必定不同,但這兩個人卻又是對同一個景點拍攝。因此我們希望找出一種方式,能夠降低拍攝角度、遠近等等的因素,使得電腦可以知道這兩張照片的內容實際上是同一個,這就是特徵比對要做的事情。

這裡要使用的特徵比對是基於上一章特徵描述的進一步應用,也就是我們要先透過 SURF、SIFT 或是 ORB 演算法找出兩張圖的特徵點,然後再比對這些特徵點的描述值是否一樣。

本單元使用的範例圖片為於 OpenCV 原始碼的 samples/data 資料夾下,分別為 box.png 與 box_in_scene.png。

3-14-1 SURF 與 SIFT

步驟與說明

1 匯入函數庫與設定命令列參數。

```
import cv2
import argparse

ap = argparse.ArgumentParser()
ap.add_argument('-i1', '--image1', required=True,
    help='first image')
ap.add_argument('-i2', '--image2', required=True,
    help='second image')
args = vars(ap.parse_args())

img1 = cv2.imread(args['image1'])
img2 = cv2.imread(args['image2'])
```

2 決定使用哪一個演算法，然後使用 detectAndCompute() 找出圖片上的特徵點與該點的特徵描述。

```
#feature = cv2.xfeatures2d.SIFT_create()
feature = cv2.xfeatures2d.SURF_create()
kp1, des1 = feature.detectAndCompute(img1, None)
kp2, des2 = feature.detectAndCompute(img2, None)
```

補/充/說/明

第二個參數為特徵描述值的輸出參數，但我們已經由等號左邊的 des1 或 des2 變數接收這個輸出值了，因此第二個參數固定填 None。

3 使用暴力演算法（brute force）來匹配兩張圖上的所有特徵點。knnMatch() 中的 k=2 代表第一張圖的每一個特徵點都會在第二張圖上找出最匹配的兩個點。

```
bf = cv2.BFMatcher()
matches = bf.knnMatch(des1, des2, k=2)
```

4 當然匹配出來的結果有一些並沒有很相似，因此我們要把這些不太相似的匹配結果刪除掉。在上一步中由於 k=2，因此在傳回結果的 matches 陣列裡面的每一個元素都包含了兩個匹配資訊，這個資訊中含有兩個特徵點之間的「距離」，也就是相似度，值越小越好。假設一開始的特徵點選擇的好，也就是這個點在整張圖上的唯一性高，那兩張圖在這一個點間的匹配結果其距離應該會比第二好的匹配結果其距離要小很多。我們就利用這個特性來過濾掉相似度不高的匹配結果，因為匹配最好與第二好的兩個點，其距離應該都差不多。下述程式碼中的值 0.55，這個值越低過濾的效果越好，好的匹配結果會放進陣列 good 中，最後再把 good 陣列中的資料畫出來即可。

```
good = []
for m, n in matches:
    if m.distance < 0.55 * n.distance:
        good.append(m)
```

```
print('Matching points :{}'.format(len(good)))
img3 = cv2.drawMatchesKnn(img1, kp1, img2, kp2, [good], o
utImg=None, flags=cv2.DRAW_MATCHES_FLAGS_NOT_DRAW_SINGLE_
POINTS)
```

⑤ 函數 drawMatchesKnn() 會將 img1 與 img2 合併成一張圖，最後將合併後的圖顯示出來即可。

```
width, height, channel = img3.shape
ratio = float(width) / float(height)
img3 - cv2.resize(img3, (1024, int(1024 * ratio)))
cv2.imshow('image', img3)
cv2.waitKey(0)
cv2.destroyAllWindows()
```

⑥ 執行看看。

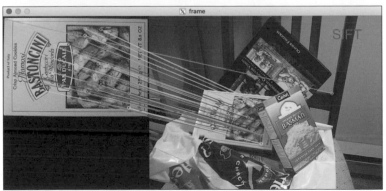

3-14-2 ORB

ORB 是一個免費使用的特徵描述演算法，若您沒有自行編譯 OpenCV 原始碼，那 ORB 就非常適合使用，只是在特徵比對上，程式碼跟 SIFT 或 SURF 略有不同。

步驟與說明

1 匯入函數庫與設定命令列參數。

```
import cv2
import argparse

ap = argparse.ArgumentParser()
ap.add_argument('-i1', '--image1', required=True,
    help='first image')
ap.add_argument('-i2', '--image2', required=True,
     help='second image')
args = vars(ap.parse_args())

img1 = cv2.imread(args['image1'])
img2 = cv2.imread(args['image2'])
```

2 使用 ORB 演算法，然後使用 detectAndCompute() 找出圖片上的特徵點與該點的特徵描述。

```
orb = cv2.ORB_create()
kp1, des1 = orb.detectAndCompute(img1,None)
kp2, des2 = orb.detectAndCompute(img2,None)
```

3 ORB 在兩點間的距離計算上需要使用 Hamming distance（SIFT 或 SURF 使用預設的 NORM_L2）。

```
bf = cv2.BFMatcher(cv2.NORM_HAMMING, crossCheck=True)
matches = bf.match(des1,des2)
```

④ 將匹配結果按照「距離」由小到大做排序，然後畫出 20 個最佳匹配結果。

```
matches = sorted(matches, key=lambda x:x.distance)
img3 = cv2.drawMatches(
    img1, kp1,
    img2, kp2,
    matches[:20],
    outImg=None,
    flags=cv2.DRAW_MATCHES_FLAGS_NOT_DRAW_SINGLE_POINTS
)
```

⑤ 將合併後的圖顯示出來。

```
width, height, channel = img3.shape
ratio = float(width) / float(height)
img3 = cv2.resize(img3, (1024, int(1024 * ratio)))
cv2.imshow('image', img3)
cv2.waitKey(0)
cv2.destroyAllWindows()
```

⑥ 執行看看。

3-15 多邊形辨識

請 先準備好以下這張圖，用 PowerPoint 就可以製作了，然後我們想要讓電腦看出這兩張圖的形狀，當然我們是讓電腦透過計算邊的數量來決定的，四邊形有四個邊，六邊形有六個邊。

步驟與說明

1 匯入函數庫並且載入上述圖片。

```
import cv2

RECT, HEXAGON = 0, 1
frame = cv2.imread('poly.png')
gray = cv2.cvtColor(frame, cv2.COLOR_BGR2GRAY)
```

2 先使用 Canny 找出邊緣後再找輪廓。

```
edged = cv2.Canny(gray, 50, 150)
edged = cv2.dilate(edged, None, iterations=1)
contours, hierarchy = cv2.findContours(
    edged,
    cv2.RETR_EXTERNAL,
    cv2.CHAIN_APPROX_SIMPLE)
```

Python ❶

樹莓派 ❷

❸ OpenCV

3 理想上，找出來的輪廓資訊，在矩形形狀應該只要四個頂點資訊就可以描述這個矩形，而六邊形則是六個頂點資訊就可以，但電腦計算的結果卻不一定，我們用以下的程式碼將兩個多邊形頂點數量印出來看看。

```
print('=== 處理前 ')
print(' 矩形點數量：{}'.format(len(contours[RECT])))
print(' 六邊形點數量：{}'.format(len(contours[HEXAGON])))
```

我跑出來的值如下，這個值與期望值差距甚大。

```
=== 處理前
矩形點數量：7
六邊形點數量：436
```

4 先來快速理解一下尋找輪廓 findContours() 的原理，這個函數可以把一個區域範圍用一堆的座標框出來，理論上直線範圍只要頭尾兩個座標就可以描述，但電腦總是會看到一些人看不出來的，因此這條看似直線的直線可能計算的結果就不只兩個座標。多邊形逼近函數 approxPolyDP() 的功用可以想像成用一條 OpenCV「認可」的直線來重新描述那條看似直線的直線。參數 30 是實驗值，值越小，能夠把「曲線」變成直線的能力越小，但圖形上的資訊會留下比較多；反之值越大，曲線變直線的能力就越大，但是有可能較小的圖形變化就被處理成一條直線了。

```
approx_rect = cv2.approxPolyDP(contours[RECT], 30, True)
approx_hex = cv2.approxPolyDP(contours[HEXAGON], 30, True)
```

5 將結果顯示出來。

```
print('=== 處理後 ')
print(' 矩形點數量：{}'.format(len(approx_rect)))
print(' 六邊形點數量：{}'.format(len(approx_hex)))

cv2.drawContours(frame, [approx_rect], -1, (0, 0, 255), 5)
```

```
cv2.drawContours(frame, [approx_hex], -1, (0, 0, 255), 5)

cv2.imshow('frame', frame)
cv2.waitKey(0)
cv2.destroyAllWindows()
```

6 執行看看。

```
=== 處理前
矩形點數量：7
六邊形點數量：436
=== 處理後
矩形點數量：4
六邊形點數量：6
```

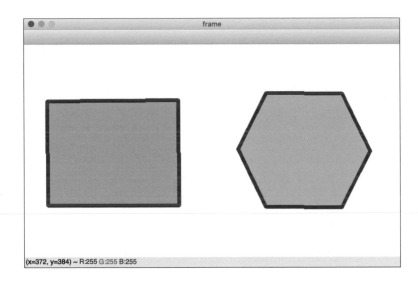

3-16 多邊形凹凸點計算

上個單元我們知道了多邊形可以透過邊的數量來辨識四邊形、五邊形、六邊形…等。但是如果遇到了凹多邊形，我們就不知道他真正的形狀是什麼了。以下圖為例，該用十邊形稱呼還是星形呢？

這個單元我們要來計算上述圖形中，凸出來的頂點數量以及凹進去的數量。

步驟與說明

1 匯入函數庫並且載入上述圖片。

```
import cv2

frame = cv2.imread('star.png')
gray = cv2.cvtColor(frame, cv2.COLOR_BGR2GRAY)
```

2 先使用 Canny 找出邊緣後再找輪廓。

```
edged = cv2.Canny(gray, 50, 150)
edged = cv2.dilate(edged, None, iterations=1)
contours, hierarchy = cv2.findContours(
```

```
edged,
cv2.RETR_EXTERNAL,
cv2.CHAIN_APPROX_SIMPLE)
```

③ 計算凹點與凸點數量。

```
cnt = contours[0]
hull = cv2.convexHull(cnt, returnPoints=False)
defects = cv2.convexityDefects(cnt, hull)
print('凸點數量：{}'.format(len(hull)))
print('凹點數量：{}'.format(len(defects)))
```

④ 如果這時候執行看看，凸點與凹點的數量不是預期的數量。若把凸點用綠線連起來，凹點用紅色畫個圓，會看到下方的圖（稍後或說明如何畫出此圖）。從圖上可以發現，人來看是凸點或是凹點的地方，電腦來看未必如此。

凸點數量：10
凹點數量：7

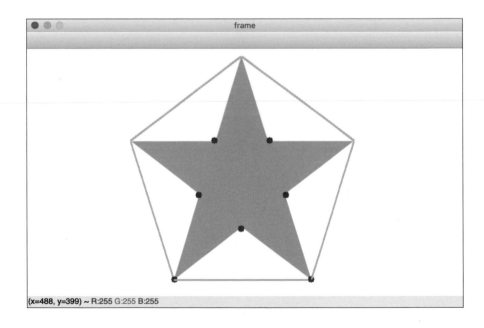

⑤ 用上一節的多邊形逼近函數調整一下，加一行程式碼即可。

```
cnt = contours[0]
cnt = cv2.approxPolyDP(cnt, 30, True)
hull = cv2.convexHull(cnt, returnPoints=False)
defects = cv2.convexityDefects(cnt, hull)
print('凸點數量：{}'.format(len(hull)))
print('凹點數量：{}'.format(len(defects)))
```

⑥ 再執行看看。

```
凸點數量：5
凹點數量：5
```

⑦ 在凹點的陣列中，那兩個直線端點形成這個凹點訊息，我們把這個訊息解析出來，就可以用綠線連接凸點，用紅色標點出凹點。

```
for i in range(defects.shape[0]):
    s,e,f,d = defects[i,0]
    start = tuple(cnt[s][0])
    end = tuple(cnt[e][0])
    far = tuple(cnt[f][0])
    cv2.line(frame,start,end,(0,255,0),2)
    cv2.circle(frame,far,5,(0,0,255),-1)
```

⑧ 把圖顯示出來。

```
cv2.imshow('frame', frame)
cv2.waitKey(0)
cv2.destroyAllWindows()
```

⑨ 執行看看。

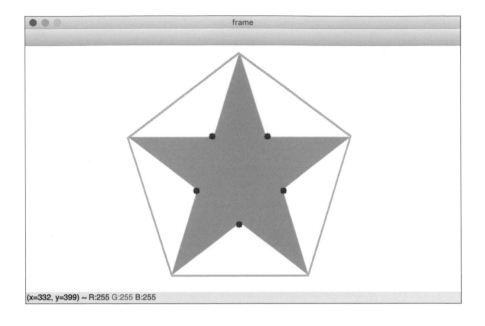

(x=332, y=399) ~ R:255 G:255 B:255

補/充/說/明

在 OpenCV 的官方文件中給了一張這個圖，很明顯就是看看可不可以用凸點與凹點的計算來看出手指數量。當然用深度學習也可以做到這件事情。有興趣的讀者兩者都可以試試看。

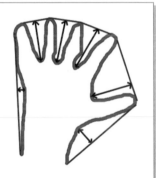

3-17 全景圖

OpenCV 提供了一個全景圖功能用來將數張照片合併成一張,當然能夠做到這個功能也是基於特徵比對,原理上就是透過特徵比對將兩張圖特徵一樣的地方接在一起即可。

步驟與說明

1 先拍攝兩張圖片,如下,兩張圖片要接合的地方必須重疊。

2 透過命令列參數的方式輸入要合併的圖片,並且將每張圖片內容放入 img_arr 陣列中。

```
import cv2
import argparse

ap = argparse.ArgumentParser()
ap.add_argument('img', nargs='+', help = 'input images')
args = ap.parse_args()

img_arr = []
```

```
for filename in args.img:
    image = cv2.imread(filename)
    img_arr.append(image)
```

③ 將 img_arr 陣列中的圖片合併成一張並且顯示出來。

```
stitcher = cv2.Stitcher_create()
status, pano = stitcher.stitch(img_arr)
if status == cv2.Stitcher_OK:
    cv2.namedWindow('image', cv2.WINDOW_NORMAL)
    cv2.imshow('image', pano)
    cv2.imwrite('final.jpg', pano)
    cv2.waitKey(0)
    cv2.destroyAllWindows()
    print('done')
else:
    print('error: {}'.format(status))
```

④ 執行看看。若主程式檔名為 panorama.py 且要合併成全景圖的檔名為 1.jpg 與 2.jpg，執行指令如下：

```
$ python3 panorama.py 1.jpg 2.jpg
```

3-18 使用 DNN 偵測人臉

在 前面章節介紹了使用哈爾演算法來進行人臉偵測，這個單元我們使用 DNN（深度神經網路）來尋找人臉。類神經網路的偵測效果比哈爾演算法好很多，但運算速度卻慢很多。執行類神經網路需要權重檔，OpenCV 的原始碼已經內建了下載指令，執行後會下載 Caffe 與 TensorFlow 這兩種不同工具訓練出來的權重。下載指令位於 OpenCV 原始碼的 samples/dnn/face_detector 目錄下，執行 download_weights.py 下載人臉偵測所需要的類神經網路權重檔，執行完後將以下 Caffe 或 TensorFlow 的兩個檔案複製到跟待會撰寫的程式碼同一個目錄下即可。

- Caffe

  dcploy.prototxt

  res10_300x300_ssd_iter_140000_fp16.caffemodel

- Tensorflow

  opencv_face_detector.pbtxt

  opencv_face_detector_uint8.pb

這兩個檔案是由 Caffe 訓練出來的結果，OpenCV 已經支援許多類神經網路模型，當然也包含了 Caffe，因此程式撰寫上不至於太過複雜。

步驟與說明

1 開始撰寫程式。載入函數庫。

```
import cv2
import time
```

② 初始化神經網路。這裡使用 **Caffe** 模型做範例，如要使用 **TensorFlow**，只要將 readNet() 函數中的兩個參數換掉即可，其他程式碼完全一樣。

```
net = cv2.dnn.readNet(
    'deploy.prototxt',
    'res10_300x300_ssd_iter_140000_fp16.caffemodel'
)
#net.setPreferableBackend(cv2.dnn.DNN_BACKEND_CUDA)
#net.setPreferableTarget(cv2.dnn.DNN_TARGET_CUDA)
#net.setPreferableBackend(cv2.dnn.DNN_BACKEND_INFERENCE_
ENGINE)
#net.setPreferableTarget(cv2.dnn.DNN_TARGET_MYRIAD)
model = cv2.dnn_DetectionModel(net)
model.setInputParams(size=(300, 300), scale=1.0)
```

補/充/說/明

若執行 OpenCV 的環境有 CUDA 核心，例如 Nvidia 的顯示卡（樹莓派當然沒有），或是 Nvidia 的 Jetson Nano、Jetson Xavier NX 等嵌入式系統，可以在 net 與 model 變數之間加上以下這兩行程式碼，讓類神經網路運算時使用 GPU，這會大幅改善運算效能。

```
net.setPreferableBackend(cv2.dnn.DNN_BACKEND_CUDA)
net.setPreferableTarget(cv2.dnn.DNN_TARGET_CUDA)
```

如是樹莓派裝上了 Intel 的神經網路運算棒（NCS2），可以使用以下這兩行程式碼來讓 OpenCV 使用 Intel 的 VPU 進行推論。

```
net.setPreferableBackend(cv2.dnn.DNN_BACKEND_INFERENCE_
ENGINE)
net.setPreferableTarget(cv2.dnn.DNN_TARGET_MYRIAD)
```

③ 設定攝影機以及設定畫面解析度，並從攝影機讀取影像。

```
cap = cv2.VideoCapture(0)
ratio = cap.get(cv2.CAP_PROP_FRAME_WIDTH) / cap.get(cv2.
CAP_PROP_FRAME_HEIGHT)
```

```
WIDTH = 600
HEIGHT = int(WIDTH / ratio)
FONT = cv2.FONT_HERSHEY_SIMPLEX

while True:
    begin_time = time.time()
    ret, frame = cap.read()
    frame = cv2.resize(frame, (WIDTH, HEIGHT))
    frame = cv2.flip(frame, 1)
```

④ 接下來如果有找到人臉，並且信心值在 0.5 以上時（預設值為 0.5），就在該人臉所在的位置畫上一個框。

```
### 在 while 內
    classes, confs, boxes = model.detect(frame, 0.5)
    for (classid, conf, box) in zip(classes, confs, boxes):
        x, y, w , h = box
        text = '%2f' % conf

        if y - 20 < 0:
            y1 = y + 20
        else:
            y1 = y - 10

        fps = 1 / (time.time() - begin_time)
        text = "fps: {:.1f} {:.2f}%".format(fps, float(conf)
 * 100)
        cv2.rectangle(frame, (x, y), (x + w, y + h), (0,
255,255), 2)
        cv2.putText(frame, text, (x, y - 10), FONT, 0.5, (0,
204,255), 2)
```

⑤ 最後將處理好的畫面顯示到螢幕上。

```
### 在 while 內
    cv2.imshow("video", frame)
    if cv2.waitKey(1) == 27:
        cv2.destroyAllWindows()
        break
```

6 執行看看。這是在樹莓派 4B 且未使用 Intel NCS2 的執行結果，fps 就不要太強求了。

3-19 使用 DNN 進行物件偵測 - YOLO

還記得在人臉偵測單元，我們使用了哈爾特徵演算法載入特定的 xml 檔去尋找圖片上的人臉、眼睛、嘴巴，甚至還可以找到貓咪。之所以在一張圖片中可以找到這麼多種不同的物件，是因為這些物件的特徵已經被訓練好並儲存於 xml 中，所以只要載入不同的 xml 檔就可以在圖片上找出特定的物件。那麼這些 xml 一開始是怎麼來的？在 OpenCV 第三版中內建了一些工具可以讓我們自己產生 xml 檔來識別我們自己的物件，但是這個工具在 OpenCV 第四版移除了，原因是現在類神經網路在物件偵測上已經發展成熟，因此不再提供使用哈爾特徵演算法的訓練工具，希望大家改用類神經網路去訓練自己的物件。雖然類神經網路訓練時需要的硬體資源比較多，並且也非常非常地耗時，但是最後效果卻很驚人。

能夠訓練出尋找特定物件的類神經網路工具很多，TensorFlow、PyTorch、Caffe、YOLO…等一大堆，這個單元介紹 YOLO。YOLO 的訓練方式請參考附件，這裡我們先介紹如何使用 OpenCV 載入 YOLO 的訓練結果，並找出 80 種常見的物件。

YOLO 是一個專門在圖片中尋找特定物件的類神經網路演算法，最新的版本為 YOLOv4。前三個版本的作者為 Joseph Redmon，為 YOLO 之父，第四個版本由 Alexey 接手開發並維護，過程中有我們中研院資訊科學研究所特聘研究員廖弘源所長和研究員王建堯博士共同參與，最後在 2020 年 4 月發布這個目前最快最準並且可以在硬體資源很少的嵌入式系統上執行的物件偵測演算法。

這個單元不談太多的理論技術，前人種樹後人乘涼，我們就拿來用吧，程式碼雖然多了一些，但不複雜，OpenCV 已經幫我們完成了大部分的工作，剩下只是將圖片送進神經網路進行推論，然後取得結果。類神經網路的推論結果基本上就是偵測到的物件座標以及信心值，最後根據座標畫出外框而已，並沒有很大的難度。

YOLOv4 的 資 料 請 自 行 參 考 Alexey 的 官 網 https://github.com/AlexeyAB/darknet，網站上有非常豐富且重要的文件説明，包含原始論文，有興趣深入研究的讀者務必前去拜讀一番。

步驟與說明

1 匯入函數庫。

```
import cv2
import numpy as np
import time
```

2 實作初始化函數。先定義 **YOLO** 需要的神經網路架構檔、權重檔以及物件名稱檔，物件名稱檔內容為可分辨的物件名稱（純粹的文字檔），總共可以分辨 80 種物件。請讀者先行準備好這三個檔案。架構檔 **yolov4-tiny.cfg** 與名稱檔 **coco.names** 可在 YOLOv4 的原始碼中找到，權重檔 **yolov4-tiny.weights** 可在 YOLOv4 的官網連結中找到下載點。

```
def initNet():
    CONFIG = 'yolov4-tiny.cfg'
    WEIGHT = 'yolov4-tiny.weights'
    NAMES = 'coco.names'

    # 讀取物件名稱以及設定外框顏色
    with open(NAMES, 'r') as f:
        names = [line.strip() for line in f.readlines()]
        colors = np.random.uniform(0, 255, size=(len(names), 3))

    # 設定神經網路
    net = cv2.dnn.readNet(CONFIG, WEIGHT)
    model = cv2.dnn_DetectionModel(net)
    model.setInputParams(size=(416, 416), scale=1/255.0)
```

```
# YOLO 要對調顏色
model.setInputSwapRB(True)

return model, names, colors
```

補/充/說/明

> 倒數第二行程式碼中的參數 size＝(416, 416) 需與 yolov4-tiny.cfg 設定檔
> 中的 width、height 參數一致。參數 scale＝1/255.0 為 YOLO 模型所需
> 要的固定值。

❸ 實作將資料送進類神經網路推導的函數，其中第一個參數 0.6 為信
心閾值，低於此值的物件會被忽略。第二個參數 0.3 為非極大值抑
制演算法（Non-Maximum Suppression，簡稱為 NMS）中使用的
閾值，極大值抑制的目的是當同一個物件被重複檢測出許多外框
時，透過此演算法留下最適當的外框。NMS 的預設值為 0，代表
不開啟此功能。若數字越接近 0 而不等於 0 代表兩個物件靠太近
時可能只會畫出一個框，越接近 1，則同一個物件周圍出現重複框
的現象越嚴重。

```
def nnProcess(image, model):
    classes, confs, boxes = model.detect(image, 0.6, 0.3)
    return classes, confs, boxes
```

❹ 根據從類神經網路推導結果中所傳回的物件名稱、信心值與座標
等資料，畫出外框。

```
def drawBox(image, classes, confs, boxes, names, colors):
    new_image = image.copy()
    for (classid, conf, box) in zip(classes, confs, boxes):
        x, y, w , h = box
        label = '{}: {:.2f}'.format(names[int(classid)],
float(conf))
        color = colors[int(classid)]
        cv2.rectangle(new_image, (x, y), (x + w, y + h),
color, 2)
```

```
        cv2.putText(new_image, label, (x, y - 10),
            cv2.FONT_HERSHEY_SIMPLEX, 0.7, color, 2
        )
    return new_image
```

⑤ 萬事具備，接下來可以開始撰寫主程式了。首先初始化類神經網路並且開啟攝影機，並將攝影機傳回的畫面大小調整為寬度 800，高度等比例縮放。

```
model, names, colors = initNet()
cap = cv2.VideoCapture(0)
ratio = cap.get(cv2.CAP_PROP_FRAME_WIDTH) / cap.get(cv2.
CAP_PROP_FRAME_HEIGHT)
WIDTH = 800
HEIGHT = int(WIDTH / ratio)
```

⑥ 使用無窮迴圈，源源不絕地從攝影機讀取影像資料，並且送進類神經網路推論後找出特定物件畫出外框。

```
while True:
    begin_time = time.time()
    ret, frame = cap.read()
    frame = cv2.resize(frame, (WIDTH, HEIGHT))

    classes, confs, boxes = nnProcess(frame, model)
    frame = drawBox(frame, classes, confs, boxes, names, colors)

    fps = 'fps: {:.2f}'.format(1 / (time.time() - begin_time))
    cv2.putText(frame, fps, (10, 30),
        cv2.FONT_HERSHEY_SIMPLEX, 0.7, (0, 204, 255), 2
    )
    cv2.imshow('video', frame)
    if cv2.waitKey(1) == 27:
        cv2.destroyAllWindows()
        break
```

7 執行看看。請開啟 coco.names 檔案,並且讓攝影機「看到」這個
檔案中列出來的物件,例如「桌子」、「椅子」、「書本」、「貓」、
「狗」…等,此時畫面中的這些物件應該會被特別標示出來。

3-20 網頁與串流

到目前為止，我們都是將 OpenCV 的畫面呈現在視窗上，但很多時候，我們需要將影像畫面呈現在網頁上，這樣就可以透過網頁上的其他元件讓整個畫面更漂亮功能也更完整，並且只要可以使用瀏覽器的地方就可以看到 OpenCV 的影像畫面。

要將影像畫面流暢的呈現在瀏覽器上需要使用影像壓縮與串流技術。目前有許多的壓縮演算法與串流方式可以選擇，這個單元要介紹的是其中最簡單，並且各大瀏覽器都支援的 Motion-JPEG，雖然壓縮比不高，但程式碼非常容易理解。Motion-JPEG 原理其實就是對每一個影像畫面使用 JPEG 壓縮後告訴瀏覽器會源源不絕的連續傳送 JPEG 圖檔。Web Server 透過特定的網頁表頭資料，要瀏覽器不要收到第一個畫面後就將與 Web Server 間的網路連線斷掉，這樣就可以讓瀏覽器不斷的接收一張張的 JPEG 圖檔形成一個連續的影像畫面。

網頁的表頭資料格式如下，第一行 multipart/x-mixed-replace 告訴瀏覽器，之後要傳遞的資料不只一筆，不要收到第一筆資料後就斷線。Boundary 後方的字串 frame 可以自己設定，只要每筆資料開始符號「--」後方的 frame 字串跟 boundary 設定一樣即可，也就是所有紅色位置的字串必須一樣。Content-length 後方數字代表 JPEG 圖檔有多少個 bytes，因為每張圖片壓縮後的大小會不一樣，因此這個數字必須經過計算後才能填入。之後連換兩行（HTTP 協定規定）後放入 JPEG 圖檔。

```
Content-Type: multipart/x-mixed-replace; boundary=frame

--frame
Content-Type: image/jpeg
Content-length: 11111

[image 1 encoded jpeg data]
--frame
Content-Type: image/jpeg
Content-length: 22222
```

```
[image 2 encoded jpeg data]
...
```

瞭解 Motion-JPEG 格式後，只要將 OpenCV 的影像轉成這樣的格式交給
Web Server 就可以在瀏覽器上看到影像畫面了，步驟如下。

步驟與說明

① 自訂一個類別，內容只有初始化函數以及將 OpenCV 的影像轉為
JPEG 的函數，並且存檔為 mjpeglib.py。

```python
import sys
import cv2

class Streaming:
    def __init__(self):
        print('access-control-allow-origin: *')
        print('age: 0')
        print('cache-Control: no-cache, private')
        print('pragma: no-cache')
        print('content-type: multipart/x-mixed-replace;
boundary=frame')
        print()
        sys.stdout.flush()

    def write(self, frame):
        try:
            data = cv2.imencode('.jpg', frame)[1].tobytes()
            print('--frame')
            print('content-type: image/jpeg')
            print('content-length: ', len(data))
            print()
            sys.stdout.flush()
            sys.stdout.buffer.write(data)
            sys.stdout.flush()
            print()
        except:
            sys.stderr.write('ERROR: write jpeg to browser
fail.\n')
            quit()
```

2 撰寫 CGI 程式，使用 OpenCV 開啟攝影機影像，並且轉成 Motion-JPEG 格式。檔名存成 video.py，chmod 755 後放到 cgi-bin 資料夾下（請參考 Web 與 CGI 單元）

```
#!/usr/bin/python3
import cv2
import mjpglib

cap = cv2.VideoCapture(0)

streaming = mjpglib.Streaming()
while True:
    ret, frame = cap.read()
    streaming.write(frame)
    cv2.waitKey(1)
```

3 在 cgi-bin 資料夾的上一層資料夾起動 Python3 內建的 Web Server。

```
$ python3 -m http.server --cgi
```

4 開啟瀏覽器，輸入樹莓派網址應該可以在瀏覽器上看到 OpenCV 傳回的影像了。

```
http:// 樹莓派 IP:8000/cgi-bin/video.py
```

5 如果要將影像放到網頁中，網頁內容如下。

```
<html>
<body>
    <img src="cgi-bin/video.py">
</body>
</html>
```

6 完成。

A 使用 YOLO 訓練自己的物件

由於 YOLO 只支援有 CUDA 架構的 GPU，因此請先找一部有 Nvidia 顯示卡的電腦，安裝好 CUDA 與 CUDNN 驅動程式後，下載 YOLO 原始碼編譯，下載網址為 https://github.com/AlexeyAB/darknet。除此之外，還需要安裝用來在圖片中標示特定物件的標籤軟體。可用來標記物件的軟體很多，如果沒有特別偏好，這裡推薦使用 LabelImg 這個開源軟體，下載網址為 https://github.com/tzutalin/labelImg。

訓練環境的設定非常耗費時間與心力，每個人遭遇的狀況均不一樣，安裝過程東缺西缺或是各函數庫間的版本不合是必然遇到的過程，此時就是按照錯誤訊息耐著性子上網找資料一一處理解決，沒有什麼更好的作法了。

步驟與說明

1　到 AlexeyAB 官網下載 YOLOv4 原始碼，開啟 Makefile，根據電腦環境修改最前面的幾個參數。由於 YOLO 可以直接呼叫 OpenCV 函數庫，如果要在 Makefile 中開啟這個功能就必須先安裝好 OpenCV，不然就只能從 OpenCV 中去載入 YOLO 訓練好的權重。

② 編譯 YOLOv4。UNIX 系統執行 make 指令，Windows 系統就按照 AlexeyAB 官網上公布的編譯步驟。

③ 對想要識別的物件，每個物件至少準備 300 張以上的圖片。圖片的檔名請由 0000.jpg 開始，依流水號方式編號。

④ 參考下圖中的結構建立相關資料夾，資料夾名稱注意大小寫。最上層資料夾 train 名稱可以隨意取。此外，資料夾 VOC2021，名稱 VOC 部分不可以改，2021 可以隨意命名。最後將所有訓練圖片放到 JPEGImages 資料夾中。這些資料夾名稱這樣取是為了配合 YOLO 內建的一支程式（稍後步驟會看到），所以不要隨意更改名稱以及目錄結構。

⑤ 開啟 labelImg 這個標籤工具（在終端機或命令提示字元中輸入 labelImg 指令），按左側「改變存放目錄」將存檔目錄設定為上一步驟所建立的 Annotations 資料夾。標籤工作完成之後這個資料夾下會有一堆的 .xml 檔，100 張圖片就會產生 100 個 .xml 檔。注意存檔格式選 Pascal VOC 不要選 YOLO（稍後步驟會解釋原因），然後在選單 View 上將「自動儲存模式」勾起後就可以開始標記圖片了。

6 全部圖片標記完後，要在 Main 資料夾中產生 train.txt 與 val.txt 檔案，裡面分別放入要訓練（train.txt）與要評估（val.txt）的圖片「主檔名」，每個檔名獨立一行。例如：假設所有的圖片檔名編號從 0000.jpg 到 9999.jpg，其中 0000 到 7999 放入 train.txt，8000 到 9999 放入 val.txt。建議寫支程式來搞定這件事情，如下：

```
import os, random
from os.path import join, splitext

base = 'VOC2021'
source    = join('VOCdevkit', base, 'JPEGImages/')
train_txt = join('VOCdevkit', base, 'ImageSets/Main/train.txt')
val_txt   = join('VOCdevkit', base, 'ImageSets/Main/val.txt')

files = os.listdir(source)
random.shuffle(files)

f_train = open(train_txt, 'a')
f_val = open(val_txt, 'a')

for i, file in enumerate(files):
    name = splitext(file)[0]
```

```
        if(i >= len(files) * 0.2):
            f_train.write(name + '\n')
        else:
            f_val.write(name + '\n')

f_train.close()
f_val.close()
```

這支程式會隨機將 80% 的檔案放入 train.txt 中用作訓練,剩下 20% 放入 val.txt 用於評估。

⑦ 將上述程式儲存到 train 目錄下,檔名為 gen_train_val.py,然後執行這支程式,執行後會在 Main 資料夾中產生 train.txt 與 val.txt 這兩個檔案,檢查一下內容是不是只有主檔名,並且每個檔名獨立一行。

⑧ 進入 darknet 原始碼目錄,將 scripts/voc_label.py 檔案複製到我們的 train 資料夾中。這個檔案用來將我們已經標籤好的 Pascal VOC 格式轉成 YOLO 格式。由於 Pascal VOC 格式使用上比較廣泛,所以在 labelimg 工具中才會選 Pascal VOC 格式,反正 YOLO 原始碼中內含了轉換程式,要轉成 YOLO 也很容易。但我們要先修改一下 voc_label.py 的內容。

⑨ 開啟 voc_label.py,將陣列 sets 中的內容換成自己取的目錄名稱(我們的目錄名稱是 VOC2021),但這裡只要填 2021 即可。還有陣列 classes 換成在 labelimg 工具中針對各物件標記時自訂的標籤名稱。該檔案的最後兩行註解起來,用不到。修改完執行。

```
sets = [('2021', 'train'), ('2021', 'val')]
classes = ['postbox', 'house', 'pino']
```

⑩ 現在在 train 資料夾中的每個目錄內容應該如右圖，資料夾 labels 中存放了 YOLO 所需要的座標資料以及在 train 資料夾下出現了 2021_train.txt 與 2021_val.txt 這兩個檔案。

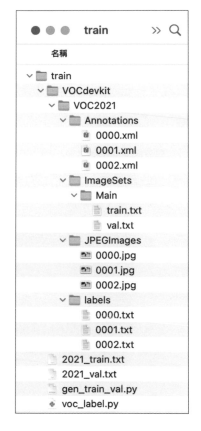

⑪ 在 train 資料夾下建立檔案 obj.data，檔名可以任意取，內容如下。

```
classes = 3
train = 2021_train.txt
valid = 2021_val.txt
names = obj.names
backup = backup
```

補/充/說/明

classes 為標記的物件數量（例如 3 個）；train 與 valid 分別填入對應的檔名；obj.names 檔案必須自行建立，內容請參考下一步驟；backup 為資料夾名稱，必須自行建立，用途為 YOLO 會將訓練結果的權重檔儲存在這個資料夾。

⑫ 根據 obj.data 的 names 參數值，在 train 資料夾下建立 obj.names 檔案，內容如下，其實就是標記時的標籤名稱。

```
postbox
house
pino
```

⑬ 下載取得 yolov4-tiny 的預訓練權重檔，當然也可以選擇 yolov4 或其他的預訓練檔，這裡選擇 tiny 的目的是可以縮短訓練時間，需要的硬體資源（記憶體）也相對少一些，怕有些讀者的硬體資源不夠跑大型網路訓練會當掉。預訓練資料的目的是拿已經訓練好的權重檔換掉最後幾層網路，例如 yolov4-tiny 的權重檔原本可以辨識 80 個物件，但現在我們只要辨識 3 個我們自己的物件，所以只要將最後幾層網路換掉，再稍微訓練一下就好了，不需要從頭來過，這樣不但可以加快訓練速度，並且效果也比從頭訓練好，畢竟人家是用 80 個物件長時間的訓練。預訓練的權重檔在 Alexey 的官網上有下載點，下面列出的網址是目前正確網址，若未來失效的話請讀者自行上官網找。

https://github.com/AlexeyAB/darknet/releases/download/darknet_yolo_v4_pre/yolov4-tiny.conv.29

⑭ 進入 darknet 原始碼目錄，將 cfg/yolov4-tiny-custom.cfg 複製到 train 目錄下，建議換個檔名，例如 yolov4-tiny-myobj.cfg。然後務必根據 AlexeyAB 官網上的說明與建議修改其內容，千萬不可改錯。請參考「How to train (to detect your custom objects)」與「How to train tiny-yolo (to detect your custom objects)」這兩個段落。需要修改的重點摘要如下：

a. 修改 subdivisions=16，如果出現記憶體不足而程式當掉，改成 32 或 64。

b. 修改 max_batches 為 2000* 物件數量，例如辨識 3 個物件時為 6000，且此值不可低於 6000。

c. 修改 steps，按照 max_batches 的值，填入 80% 與 90%，例如 steps=4800,5400。

d. 修改 classes=80 為要辨識的物件數量，例如 3 個物件時改成 classes=3。注意 tiny 的 cfg 檔中有 2 個地方要修改，都位於 [yolo] 區段中。

e. 在兩個 [yolo] 區段上方的 [convolutional] 區段中，修改 filters=255 的值為 (classes + 5)*3，例如 3 個物件要將 255 改為 24。注意 tiny 的 cfg 檔要改 2 個地方。

⑮ 現在 train 目錄的內容應該如右圖，準備要開始訓練了。若檔案有欠缺，請再回頭確認每一個步驟是否確實完成。

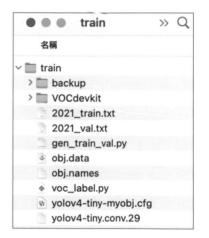

⑯ 開始訓練，指令如下。「DARKNET_HOME」為 darknet 原始碼所在資料夾，請讀者自行根據您所放置的位置來修改，此外，此為 UNIX 指令，Windows 讀者請自行轉換一下（其中 darknet 為 UNIX 平台的執行檔檔名，Windows 平台為 darknet.exe）。

```
$ cd train
$ ~/DARKNET_HOME/darknet detector train obj.data yolov4-
tiny-myobj.cfg yolov4-tiny.conv.29 -map
```

若訓練尚未完成卻因為某些原因中止了訓練，之後可將參數 yolov4-tiny.conv.29 換成 backup 資料夾中的 yolov4-tiny-myobj_last.weights 就可接著訓練，但這個權重檔必須訓練一段時間後才會產生。

⓱ 訓練過程可在終端機中看到幾個數據不斷變化，也可從圖上看到訓練狀況，這些資料可以幫助我們評估訓練是否朝向「好的結果」發展。

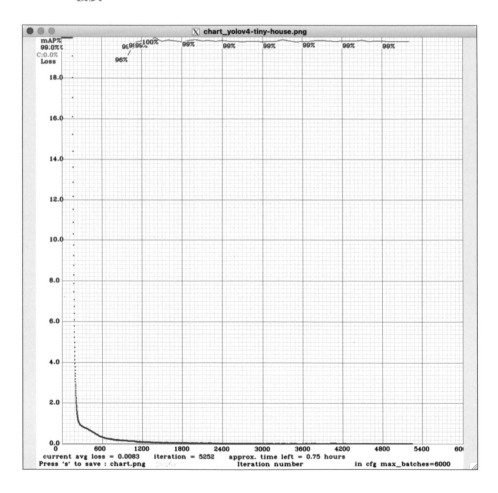

- mAP：平均精確度（越接近 100% 越好）

- avg loss：平均損失（越低越好，一般小型網路，建議低於 0.05）

- Class：物件分類能力（越接近 1 越好）

- Obj：找到物件能力（越接近 1 越好）

- No Obj：不存在物件的比率，越接近 0 越好

- .5R：IOU > 0.5 時的召回率（越接近 1 越好）

- .75R：IOU > 0.75 時的召回率（越接近 1 越好）

18 訓練結束。若平均損失已經一段時間都不再下降，這時可以考慮中止訓練。在 backup 資料夾下會產生 yolov4-tiny-obj_best.weights 權重，這時可以使用上一章「物件偵測 - YOLO」單元試試從圖片或影片中找出我們自己的物件啦。

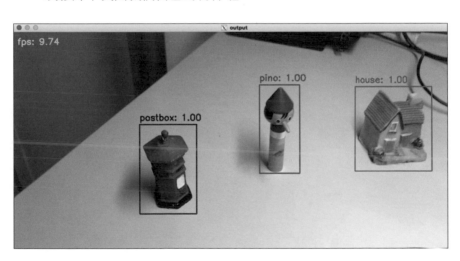